乐活卓越的一生

LIVING AN EXTRAORDINARY LIFE

的一生（第2版）

联合作者 卢致新

编译 唐明鑫

〔美〕Robert White 罗伯特·怀特 著

中国出版集团公司

世界图书出版公司

广州·上海·西安·北京

图书在版编目（CIP）数据

乐活卓越的一生 /（美）怀特（White, R.），卢致新
著；唐明鑫编译. —广州：世界图书出版广东有限公
司，2016.2

　　ISBN 978-7-5192-0742-7

　　Ⅰ. ①乐… Ⅱ. ①怀… ②卢… ③唐… Ⅲ. ①成功心
理—通俗读物 Ⅳ. ①B848.4-49

　　中国版本图书馆 CIP 数据核字（2016）第 023522 号

乐活卓越的一生

责任编辑：程　静　李嘉荟

出版发行：世界图书出版广东有限公司

　　　　　（地址：广州市新港西路大江冲 25 号　邮编：510300

　　　　　网址：http://www.gdst.com.cn E-mail：pub@gdst.com.cn）

联系发行：020-84451969　84459539

经　　销：各地新华书店

印　　刷：广东信源彩色印务有限公司

版　　次：2018 年 7 月第 2 版　2018 年 7 月第 3 次印刷

开　　本：889 mm × 1194 mm　1/16

字　　数：250 千字

印　　张：15.5

ISBN 978-7-5192-0742-7/B・0131

定　　价：120.00 元

咨询、投稿：020-84453622　gdstchj@126.com

谨以此书献给

·····················所有致力于·····················
中国体验式教育传承与创新的英雄

进取开拓的机构运营者
深耕培训教育事业的从业者
卓越智慧的教练及其团队
以及千万投注身心的志愿者们
是你们激发了人们心中
自我迁善和进化的力量！

关于此书

　　这本书的诞生，是过去多年经由全世界范围内近50万人共同碰撞和实践的结果。我们得出一个重要结论——人一旦愿意真正面对自己并为生命承担起责任，就会显现出他的智慧、觉知和潜质。当然前提一定是我们自身的准备度，沉下心来、意念清晰、足够开放，否则再多的心灵鸡汤或所谓的万能定律都不能在根源和本质上起作用。

　　当有足够强大的内因驱动，再加上有效的外因助推，就会加速整个蜕变过程。有这样一种角色叫"人生教练"，他不会给我们现成的答案或代替我们解决问题，但他直指核心的发问和启发，像一道强光照亮"月球背面"，促使我们直面真相、作出改变。

　　就像本书原著作者罗伯特·怀特（Robert White）在文中提到："对于你要过什么样的人生，我是没有答案的。唯一确定的就是如果你真想改变，我们可以一起找到路。这本书里没有任何所谓黄金法则或者概念理论上的东西，只是纯粹的对人生几个重要领域可能性的探索。无论是人际关系、事业、自我认知、生活的愉悦和幸福，还是灵魂深处的升华。"

作者介绍

作者罗伯特·怀特先生（Robert White），是一位资深的商业领袖顾问、个人成长发展导师和活跃的演讲者。他目前居住香港，以中国为第二个家，近几年在亚太地区积极开办各类组织领导力、变革管理、企业价值及个人生命潜质和效能提升等主题工作坊。

过去 Robert 已从事培训事业近 40 年，曾在堪称个人成长培训领域先锋企业的 Mind Dynamics（思维动力）任总裁，也曾是 Life Spring（生命源泉）公司创始人兼总裁；并于 1978—2001 年间，连续 23 年以 ARC 国际（文中将有详细介绍）主席的身份，为全世界范围内的机构及个人客户服务。他在任期间已培养超过 50 万名学员，支持到 1000 多家企业发展，足迹遍布亚洲、南美、欧洲及北美。其中受他"激活"过的知名机构包括 United Telephone、JP Morgan Chase（摩根大通）、YPO（青年总裁组织）、World Business Academy（世界企业学会）、ACCJ（日本美国商会）、香港美国商会，及分别位于新加坡与阿斯彭的 Rotary Clubs（扶轮社）慈善组织等。

ARC 国际生命动力公开课程扩展至日本 7 个中心、中国台湾 2 个中心，加上韩国首尔、菲律宾马尼拉、中国香港、中国广州和澳大利亚悉尼。而企业课程则由美国科罗拉多州和美国宾夕法尼亚办公室管理。最顶峰时，ARC 聘请超过 240 名员工及 70 位全职导师。Robert 于 46 岁时提早退休，公司关闭，多名前员工开创自己的公司，在亚洲继续传承此事业。

另外，Robert拥有Instructional Systems Association副总裁、PBEC太平洋盆地经济理事会亚洲区副主席、美国在日商会成员及多家委员会主席、联邦储备委员会成员等国际背景。1999年获选为世界企业学会杰出研究员；被世界童军运动基金会（The World Scout Foundation）授予Baden Powell奖；同为摄影作品集 *One World, One People* 作者之一，后创作本书 *Living an Extraordinary Life*，得到知名出版商Nightingale Conant青睐，为其出版家中学习光碟。

除了深厚的专业背景，Robert还积极活跃于各类慈善公益活动，如斯里兰卡的Sarvodaya（萨尔乌达耶幸福组织）、Kempe Center（肯普中心的反对儿童虐待漠视及领养交流运动）、Plant-It 2020（环保树木种植基金）等。他在美国、日本和中国香港创立了One World, One People基金会，并为众多环保教育机构和儿童保护机构捐赠超过一百万美金善款。

能帮助更多人激发自我引领的潜质和改善生命的力量，是Robert的人生使命。一直以来对时势、历史、哲学的关注也为他的事业生涯注入了源源不断的养分。当然，和很多已阅过大半生的幸福男人一样，生活中的Robert，正享受着儿女绕膝的天伦之乐，和音乐常伴的悠然心境……

联合作者介绍

卢致新

北京大学管理心理学博士

中国国家人力资源和社会保障部

企业教练师ARC训练系统培训教材专家委员会主任

教育部中国老教授协会职业教育研究院专家委员会委员

中国企业教练联合会生命动力总会会长

中国企业教练联合会生命动力总会导师委员会主席

禅悟领导力始创者

中国《境界》同修会名誉主席

中国企业家境界导修中心主席

曾任：生命动力广州公司经理、亚洲行广州公司经理、成都海纳职业培训中心董事长、香港海纳环球体验式训练导师学院院长。

21岁开始从事大学教育工作，后转为从事体验式蜕变课程教育培训，至今已有20年体验式蜕变课程教育培训经验和30年教育生涯。他是最早将"生命动力"和"亚洲行"两套课程体系带入中国的先驱者之一。在几十年的教育工作中，致力于中国传统文化的学习和探索，专心修行，并向多位禅宗和国学大家参学，融合东西文化。他以中学为体、西学为用，融入禅学精髓，为中国企业领导人开发了一套结合禅宗、国学、心理学、领导科学等学科和修行方法的禅悟领导力系列课程。目前他开发和传授的课程有《突破性领导力》、《领袖之道》、《境界》、《禅·归宗》、《大师》、《导师之道》等，以生动活泼的方式带领学员全情投入、自我觉醒，在各自领域得以突破。他让学员能够以生活化的方式来品味禅的活泼味道，影响了一大批企业家走上了一条以企业为道场，修炼身心圆满、自觉觉他的人生道路。

媒体对卢致新博士的报道：《用新的眼睛看世界》李韶青，中国青年报，2000年7月12日；《创新教育形式，共创和谐社会——谈社会主义荣辱观教育与体验式培训相结合》卢致新，人民日报人民网，2007年4月20日；《走近卢致新老师——禅文化的体验和修行》刘尚鸣，欧洲新闻联合网，2015年3月31日；北京人民广播电台新闻台"人生热线"特邀嘉宾。

序1　我想要表达的感谢

生活才是最好的老师，我很庆幸遇到很多良师益友，也庆幸自己身上带着"接收器"，能探测到身边的智慧和创意。和坐在教室里学不同，这种从周围人和生活里汲取养分的过程，像孕婴连着母体的脐带，是一种更原始的本能，让人痴迷。有些可以立刻学到抓来就用，有些像涓涓细流润物无声；有时只是在某种环境里的浸染，就让人受益终身。很有意思的是，一开始写这本书的时候，我很郑重地自我定位为老师，后来才发现这个想法太局限。写书的过程恰恰是我过去成长的延续——没有谁可以停止成长，这是一段无始无终的奇妙旅程。

我没办法一一感谢所有曾经给我带来启发和帮助，并直接间接造就了今天这本书的人。无论是在课堂上传授的知识，还是通过书和演讲牵起的缘分，甚至只是一起在河边散步时的点拨，都是我的贵人和礼物！请允许我挑取其中最有代表性的几位，借助本书开篇，表达感谢！

对家人的感情和感谢，不管在哪个国家都是一样的；在事业上，我要感谢这30多年来的同事和伙伴，从Life Spring到ARC国际，再到Balance Point，当然还有Extraordinary Resources。我遇到的都是非常有创造力、有担当、有愿景、有行动力，同时彼此之间能相互关照，基于一致价值观又思想多元的优秀团队。事实就是，我愿意用这些美好的词语来形容他们以及我们一起创造的环境和成绩。当然，工作那么多年，同事实在太多，在这里一并表示感谢！谢谢我的战友们。

同时有这样一批重要的启蒙老师们，是我绝对不能忘记的。在进入中国前，我的启蒙老师和指导者有：

— Mind Dynamics 创办人 Alexander Everett，很有智慧的老师；

— Est Training（现为 Landmark）创始人 Werner Erhard，人类潜力启发者，交情超过 40 年；

— John Denver，一位伟大的歌手、作曲家、环保事业推动者，同样是好友，曾给我无限启发；

— Dr. John Enright，他为我们的研讨会精心设计内容及环节，作出无声贡献；

— Dr. John Jones，资深教授、体验式教育的出版先锋、作者、企业家，为 ARC 设计了丰富的培训课程；

至于我能来到亚洲，并接触中国培训界，有赖以下好友的协助：

— May（Bee），好拍档和出色的翻译，大力协助我们在中国的推广工作；

— Mike Birtwistle、Carlos Fernandez 及 Randy Hunt，前 ARC 及 Life Dynamics 导师，慷慨地分享他们在中国的经验；

— 吕光瑛和曲贵方（Alex），ICT 积极为我们推广中国工作，让我感受到可贵的友谊；

— 卢致新，本书联合作者，为我在中国探索体验式培训的更多可能性，提供了模范和榜样；

— 广州史达夫五位拍档，承诺更专业的体验式课程，并在诸多方面提供支持；

— 刘咏姗（Sandy），我优秀的助手和翻译，也是我在中国的跨文化向导；

— 唐明鑫（Vicky），不仅是本书译者，而且帮助我找到了一种更好的和中国读者及中国文化建立有效对话的方式。

最后，我想用一小段 John Denver 在上完我们的课程后为我们的事业作的曲词，来结束这篇感谢：

我把你视作恩赐，像春天第一缕清风那样怡人；
我把你看作礼物，礼盒里装着满满的爱和喜悦；
我把你比作魔法，能让我们的梦转眼变成现实；
而所有这些美好，都是因为你这样虔诚做自己。

满怀爱和尊敬
罗伯特·怀特

序2　一段灵魂相爱的旅程

命运的安排让我与一位来自大洋彼岸的智者不期而遇，他就是本书作者——来自美国的罗伯特·怀特先生。称先生不是出于礼节，而是来自于我心中对一位真正师者的尊敬。

人能够单纯地走在一起，一定是因为心与心的相印。我与罗伯特先生的相遇，其实就是一段灵魂相爱的旅程。

早在二十多年前我与罗伯特先生就曾相识，那时他是亚洲生命动力培训机构（ARC/Life Dynamics）的创办人，而我是参加基本课程的一名学员。与他相识时，他五十多岁，我三十出头。当时是在香港尖沙咀ARC训练中心，罗伯特先生出现在课程的一个环节里，分享了他的人生经历和体验，没有深奥的哲理，亲切而又生活化。其中有个例子，我现在仍记忆犹新。他讲的是自己在美国农场里除草时是如何带着觉知全情投入，并乐在其中。讲述间，展现给我们的虽然是一幅简单的生活画面，却蕴含着丰富的生命体验和人生智慧。

后来，他讲了创办生命动力的故事。他说生命动力起源于1959年，在美国一个静修的心理工作坊中发现了团体治疗的方法。1968年，有"人类潜能运动之父"之称的Alexander Everett等人创立了Mind Dynamics。之后Life Spring的创始人之一罗伯特先生在离开Life Spring之后去到日本，并于1978在日本成立ARC（雅尔康），课程名叫作生命动力（Life Dynamics），至此课程便开始传入亚洲。1991年，罗伯特先生在香港成立ARC。

他满怀深情地说："我很荣幸当初做了这样的决定，将具有深远影响力的体验式培训引入亚洲。虽然在早期创办的过程中，我在朋友家沙发上睡了8个月，并经历了很多挫败和挣扎，但最终我看到的是遍布亚洲的学员们，他们热切渴望能过上一种喜乐、满足和有成就感的生活。他们热爱生命动力的课程，并且感召朋友、家人和同事进入这段旅程。他们所取得的成就让我为之所做出的一切牺牲都变得值得。我游历了整个亚洲的经历让我有机会去体验不同的文化和民族。这些一直都是出乎意料的生命恩赐，是支持我学习和成长的资源，也让我在友谊中喜获滋养。"

听完他的分享，我赞叹他人生的传奇，同时心里对他又有一种遥不可及的感觉。确实，他就像一个神话，而这个神话也在我心中播下了一颗种子。我问自己："我可以像他那样创造丰盛的人生吗？"

天道酬勤，在经历了生命动力的洗礼后，在爱与智慧的阳光雨露里，这颗种子发芽了。1998年，我作为生命动力的一名经理，有幸第一个将生命动力课程体系引入中国大陆。当生命动力课程在中国大地扎根之后，便不断开枝散叶，遍地开花。时至今日，在全国已有几百家平台和无数的导师在从事这份教育事业，每年有上百万的毕业生。而我在近二十年的教学中，也不断地将生命动力课程与中国的传统文化结合，尤其是禅宗，探索更具本土文化气息的课程内涵和形式。对于这样的局面，罗伯特先生应该是为之欣喜和赞叹的，罗伯特先生和几代导师的愿望正在得以实现。

当我踏上了导师的旅程，我与很多国内外的导师成为了良师益友，但是在这二十多年时间里，我与罗伯特先生的缘分几乎沉寂下来。直到2014年，罗伯特先生在上海做了一次分享交流会，我才重新与他结缘。后来，我邀请罗伯特先生参加我和蓝丝带发起的"中国体验式培训行业大会"，没想到他居然非常爽快地答应了。而这一次的互动，让我开始真正走近罗伯特先生，也第一次开始立体地体验他。

如果有幸看见了一个人的灵魂，那么就没有理由不爱上他。罗伯特先生带给我的就是这样不可思议的体验。因为对我而言，他太透明了。我们虽然没有在一起长时间相处，但是这次一见如故的感觉就让我毫无疑问地确定：我们开始真的看见彼此了。

一个人最难能可贵的不是因为他能取得让世人瞩目的成就，而是在经历了人世间的沧海桑田之后依然怀有一颗简单质朴的初心。我一直力求以这样的道路指引自己，也在寻找可以把手前行的同道中人。让我惊喜的是，时隔二十年后，在罗伯特先生身上我看到了这样的初心。罗伯特先生真正打动我的，不是因为他身为一个资深老导师的那份熟练度和确定性，而是在他经历了那么多之后，依然如一个大男孩一样率真、简单。同时在生命有了这样的沉淀和厚度的时候，还能如此地谦卑和放下，这种历经淬炼而升华出的生命能量让我赞叹不已。随着我与罗伯特先生越来越多的互动，我们的灵魂也越来越契合，因为他没有活在导师的神话里，他活出的是一个人真实的味道。

罗伯特先生是一个懂得享受生命的人，他有生活上的追求，却不失本心，他是如此敞开，没有任何掩饰。他跟我分享过很多他的故事，那份坦诚和直接让我深受触动。当分享到喜悦的时候，他快乐得像个孩子；当分享到挫败的时候也会流露出他的悲伤。谈起那些年跟他一起创业过，一起合作过，一起成功过，又一起失败过的人，他饱含情感，那里面既有受伤，又有谅解，还有深深的爱。在我的体验里，他是很用心的一个人，也正因为用心所以容易受伤。当然，最难能可贵的是，在生命中经历了那么多的跌宕起伏之后，他仍旧保持着一颗活泼泼的玩心，面对生活中的那些糗事、麻烦事，依然充满了乐观和幽默的情怀。

与罗伯特先生相处，他总会给人带来出乎意料的惊喜和感动。我曾经在"中国体验式培训行业大会"上给每位导师颁发了一把普通的扫帚，它象征着一个导师首先要扫清自己的心地，以此来自勉。当时我首先发给的就是罗伯特先生，发完以后，我以为对他而言只是一个隐喻而已，可我万万没想到，当我到香港他的住所拜访时，却在客厅展柜的最中间处看到了这把扫帚。一刹那，我心里涌起了一股深深的震撼，一把普通的扫帚，历尽千山万水从北京带回香港，然后被摆放在了家中最显眼的位置，如此重视这把扫帚，使我想起了神秀禅师的一首偈："身是菩提树，心如明镜台，时时勤拂拭，勿使惹尘埃"。只此一件事，便足以让我在这个灵魂面前臣服。

我与罗伯特先生虽然是忘年之交，但他对我这个后辈是毫无保留地托举和看重的。罗伯特先生很会嘉许人，很会给人力量，这是一种自然的力量，是来自于一颗慈悲智慧的心所给予的力量，而不只是来自于表面的语言。那份空间感和激励，那份懂对方、看见对方所带来的滋养无以言表。我曾经邀请罗伯特先生进入我的课堂观摩并给出回馈，他所关注到的细节之丰富让我始料未及，他回馈的那份细腻、精准和慈悲地看见，都深深地触动了我。

遇到罗伯特先生是我一生的荣幸，这样一份心心相印的恩典是生命中最美丽的一份礼物。我想说罗伯特先生创造了神话，但他却不是一个神话，他是一个真正的人，一个不断用生命去经历和乐活的人。

我用大段的篇幅去描述我对罗伯特先生的感受，是想让大家从体验上去看见罗伯特先生这个人，再去领略他著作里的风光。这本书是他生命几十年的陈酿精华，值得我们每一个人去读，而走过生命动力训练的人更可以在书中领略源头的风景。因为你读的不是文字，是读一个人，读一个人的心，读一位饱经沧桑依然闪耀人性光辉的老人内在的智慧，而且，因为这是一部联合著作，大家在书里也能读到我，读到我的心，读到我的体验、领悟、爱、感恩和祝福。你们也会读到我和罗伯特先生两个灵魂的恋爱，两颗心的碰撞，两个智慧的融合，读到东西方文化的相遇。这个美丽的邂逅，是上天的一份恩赐，也是一份深深的祝福。这本书倘若能带给你启迪和力量，是我们莫大的心愿和幸福！

请原谅我没办法一一感谢在我生命履历中所有支持我和给我贡献的人，谢谢你们的陪伴，让我在经历生命的喜怒哀乐、高低起伏时依然喜获滋养。同时我也深深地感激我自己，二十几年里无论遭遇什么，都没有背离当时出发的初心。也谢谢我自己的坚持，才让我对生命有了今天的领悟，活出了那份洒脱。特别感谢：

我的家人，我心灵的港湾，不管我飞多远，永远都看见这座守候的灯塔；

Robert White，忘年之交，我崇敬的导师，ARC 创立者；

唐明鑫，美丽智慧，她的精确翻译和创造性的工作，让这本书增色不少；

John Hanley Sr.和 John Hanley Jr.他们用存在主义的蜕变范畴，打开了我探索禅宗的大门；

Keith Bentz，导师之道的老师，他的体验式训练风格深深地影响了我；

刘洋，灵魂朋友，我的著作和课程都倾注了他的心血；

Cannie So、Bee、刘咏姗（Sandy）、普润、延超、吴明山、张晓蔓、曹源达、麦一柱、钱克明、邓柱明、王亚琦、陈利锋，范文楷，姚顺东、韩晓波、张霞等良师益友；

沈小君、吴繁、李京红、吕光瑛，曲贵方、刘亚峰、孙瑜、王亚琦等，促成中国企业教练联合会和生命动力总会成立，让 ARC 训练在中国进入了新纪元；

侯志奎、师道书院的同事和《境界》的同修们，让《境界》课得以茁壮；

所有我工作过的平台及吴军、周大雁、李晓健、安清、陈珂如、唐燕珊、李建江、雍宗超、刘芯仪、韩俊峰、陈岚、王君帆、张新红、刘煜凯、李沛、任晓燕、李颖、李恩雅、喻惜、李克艳、王思杰、张凌、石海霞等导师们，将生命动力精神与教练技术和中国文化相结合，发扬光大。

看见真正的你

卢致新

2015 年 9 月 28 日

序3　缘之所至·一念花开

　　从小到大，我们接触过太多的书。有的书，是具有启蒙意义的第一堂课；有的书，是最温柔的陪伴和无声的慰藉；有的书，是刻骨铭心的震颤和人生的折点；也有的书，只是匆匆过客，雁过无痕。我想这也是需要缘分的，它和你翻开书页时的心境有关。书和人的缘分，和人与人的缘分一样，也需要天时、地利、人和。

　　我并不是一位职业翻译，而是一个刚迈上30岁却已经在台上站了23年之久的策划和主持人。所以能有幸为罗伯特前辈的书作编译，并不是职业轨迹所指，而是基于一种更深、更奇妙，同时也很自然而然甚至命定的缘分——中文系书堆里的沉淀，对西方人文的喜爱，从小一次次在舞台上照见千万双眼睛里的世界，再加上一位对我人生有重要影响的良师力荐——这些都让我诚惶诚恐却又毅然坚定，要将这本书及字里行间所承载的罗伯特先生几十载的人生智慧，原汁原味又亲切深沉地送到你的手中！

　　虽然翻译更像是一个隐身人，但我知道，每个标点里都有我的情感。当然，我和你一样，还是一位读者，一个和作者创作过程靠得最近的幸运读者。所以不妨请先听听来自我这位读者的"预告"——那些合上书本后，依旧清晰印刻的触动和它们给生活带来的微妙变化。

1. 你会爱上那些诗，以及诗一样的引言

原本担心中西方语言转换会有偏差，觉得现代人在高压高节奏下早已失去对诗意的感知，没想到打开书就因它散发的浓浓意境而微醺。行文错落之间，镶嵌着诸多古往今来伟大先贤哲人们的思想明珠。"没有一个人是一座孤岛"、"此刻你推开门或在镜中看到的，都是散发着喜悦和光亮的自己"、"你总觉得夜太孤单路太长"、"承载生命的宇宙就像是一个巨大保险箱，打开它需要一连串的密码"、"我歌唱，不是为了谋生；我爱着，像从未被伤害"、"我为西瓜种子的神奇力量而着迷"、"曙光一直在心里，所以此刻我正发出嘹亮的号角"……这本书不是诗集，人生却不能少了诗意。

2. 三个词，串起零散且完整的生命体验

人每一秒都会蹦出新的想法、经历新的感受，要理清全世界自古至今繁如星辰的个体生命的内在世界，谈何容易？但这本书做到了——在不经意间就冲印出了完整人生的底片。"觉醒"，是从梦游中醒来，去看待每个选择、去寻找源头、去有效发问、去突破设限、去探索内在；"责任"，是分清期望和现实、直面关联和结果、穿越抗拒与固守、挣脱枷锁获得轻盈；"沟通"，是建立连接和纽带、翻转所得与缺失、让一切有所托付、有所延续。相信每个看完书的人，都会点亮由 ARC 三个字母组成的明灯。而个体生命如此，人类群体的旋律也已声声入耳。

3. 以字为媒的一次对话

最有好感的是这本书以第一人称和我们建立起的面对面谈心。书中的故事、人、比喻，特别是即便跳进书里，也还和现实生活中一样乐观、率真的 70 多岁"大男孩"罗伯特先生，读来那么亲切有趣，没有中西文化差异，没有年龄代沟，没有教学的高低差，只是一次以字为媒的对话。就像罗伯特先生说的那样：希望我们融进书里，又能随时跳脱；希望我们放下成见，又能回归主见。

当然，这本书只是你我众多人生邂逅的其中一瞬——所谓缘之所至，一念花开。

书中隐身人·80后 唐明鑫
2015年10月12日凌晨5点
准备起床化妆、上台主持

平庸，还是精彩？

为什么世界上存在着生命品质截然相反的两类人？

拉开距离的绝对不是运气或偶然。过去20多年，通过对大量学员的观察，我们发现抛开年龄、国籍、学历的差异，但凡是那些能做出不俗成绩的人，他们身上都有相似的特质。不管是做事行为模式、沟通表达方式，还是平时的状态。我们从这个观察结果中获得的启发是，如果真想让生活更好，就需要多关注这些同样存在于我们身上的可被唤醒的品质和潜能，向内打通任督二脉，让事业、生活、财富、人际、健康，这些人生重要组成部分都顺畅、平衡、互生。

我们为这种理想状态的实现，提炼出了三个最核心点——觉醒（Awareness）、责任（Responsibility）、沟通（Communication），并取其英文首字母称之为"ARC卓越品质"。这三点品质将贯穿本书始终，也是我们行走在全世界改变人们生活的信念和基石。如果每一位看完这本书的人，都能对这三个词有切实领会，并将他们融进生活，和每个当下融为一体，继而实现所要的结果，这就是我们的价值和意义所在……

目　录

第一章

启程

自我探索之旅的起点和沿途风光

1

"你"的重要性

"我一辈子都在追求做更好的自己，
只是我还需要把这个'更好'描述得再具体些。"
——美国著名电影导演、编剧、演员、作家
伍迪·艾伦（Woody Allen）

如果有个顾客问书店工作人员："我想找自助书架，你能告诉我它在哪儿吗？"这个时候智慧的工作人员会说，如果我告诉你它在哪，就不叫"自助"了。这是个有趣的比方，生活里同样不会有人替我们抄捷径或迈开脚，包括这本书。所以让我们先来做个约定并达成共识：

— 如果没有你的参与，这本书不会给你带来快乐；
— 如果没有你的决心，这本书没法提高你的自信；
— 如果没有你的独立，这本书不会让你变更积极；
— 如果没有你的投入，这本书不能改变人际关系；
— 如果没有你的主导，这本书不会使你聚焦高效。

即使作为写书的人，在我看来，它也只是一堆文字，能引发你的一些思考，仅此而已。其实这个道理谁都懂，就算是父母也无法代替孩子们去经历生活，每个人一生下来就是自己的"全职工作"，包括我在内。所以我也从来没想过要通过一本薄薄的书就替所有人解决问题。所谓"自助"，就是一个人面对当下的现实和处境，能自我生发、自我引导甚至自我创造的能力。就好像美国有个故事，一个人在家门口掉了钥匙，却去街上路灯下找，他的理由是那里比较亮。故事听上去很好笑，可事实上有的时候，我们也会在"大街上找钥匙"。

所以在继续往下走之前，我需要反复强调"你"本人的重要性。书也好，我也好，其他你正在留意或寻求的帮助也好，他们再强大都是独立于你而存在的。我们可以一起找到方向，但步子一定是你亲自迈出去的——用全新的视角看待生活，相信所有的可能性，终会有蜕变的那一天。

哈佛大学心理学博士丹尼尔·戈尔曼（Daniel Goleman）在《情商》（*Emotional Intelligence*）中这样表述："智商高并不等于能把人生经营好，反倒是那些看似资质平平的人，能获得各方面的成就。到底是什么因素在起作用？答案就是'情商'。抛开字面定义来理解，情商就是一个人的自我掌控能力、调动能动性的热情，以及不断自我激发、持续保持积极状态的可贵坚持。我们完全能预见到，未来的教育定会把人类的这些基本生命素质（如觉察、自控、同理心、聆听、冲突化解、协作共生），从一度被忽视，上升到全民教育的制高点，回归教育的本源！"

机会和运气可能会是一份惊喜，但明智的人从不会等着"苹果"砸到头上。无论是这些年从事的研究，还是我的个人经历，或者过去20多年和50万学员的深入接触，都把一个显著的事实放在我们面前：抛开年龄、国籍和学历的差异，那些取得了一定人生成就的男男女女，都有着惊人相似的特质！比如语言表达习惯、行为模式，以及整个身心状态。换句话说，人类一直追求的卓越人生并不是什么神秘谜团或乌托邦的幻想，已有大量被证实的规律可循。一个人的起心动念和举手投足间的迁善，是可以修成正果的，无论是事业、人际关系、财富自由、健康的身体，还是精神及信仰层面的成长。我们将和你一起开始这段自我探索的旅程，分享我们的已知已证；围绕核心和基石，体会一些想法上的微妙变化，遵循必要的原则，尝试可借鉴的方法。相信这些都可以在实践中为你所用，助你走到你要的未来。

请记住，拿到人生中要的结果，并不是一件多复杂和不可实现的事，也绝不是轻而易举就能做到的。

我对此深有体会。当有人问起我从事的工作时，最简单的回答就是"帮助个人或组织实现更好结果的体验式教育"。如果有机会，我想多展开些——我们能唤起个人或组织的觉知力，使其更具同理心；能引导他们从过去的经历中有所体悟，又不被过去所束缚；能激发其更有担当，直面现实真相，卸下不必要的负担、包袱和"伪装"；最终让最纯净的生命力量显现，获得创造性的当下和未来的连接；我们也会提供目标和效率工具，加速这个结果的发生。

整个过程中有最核心的三个点——觉醒（Awareness）、责任（Responsibility）、沟通（Communication），取其英文首字母称之为"ARC卓越品质"，这三点品质是整本书乃至我们所从事这份事业的框架性基础。围绕这三个词带来的改变，已经让成千上万人受益，而且我们有信心将继续给每个愿意追求理想的人带来豁然和喜悦。

你——会是其中一个吗？

2

让我们先来简单说说 "ARC"

"觉醒（Awareness）、责任（Responsibility）、沟通（Communication）
在这三块坚实的基石上，卓越的人生可被实现，但也要付出努力。"

几年前美国曾流行过一个电视广告。雷名顿（Remington）剃须刀当时的总裁 Victor K. Kiam 喊话："实在太喜欢这剃须刀了，我要买下整家公司！"这个例子在我这的翻版就是，我太欣赏"ARC 卓越品质"这一理念，那就索性以此来给公司命名吧。说起来，其实这名字背后是有一段故事的。

20 多年前，当时我正和一位相当有智慧和创造力的心理学家、研究学者、培训设计师三栖教授（Dr. John Enright）共事，这位教授正是我们在全世界 50 万人范围内成功普及的体验式教育奠基人。同时他在工作坊领导人能力提升上也下足了功夫，并把其中一个重要项目命名为"ARC"。所以追本溯源的话，是这位约翰教授从训练观察中提炼出的卓越品质三要点。我不仅非常认同他的理念，更要感谢约翰教授慷慨地把他的心血送给我们作公司名，并提醒我们不忘初衷。

要掌握这些品质，和小孩子一开始学 ABC 字母或汉字笔画是一样的，打好地基再建大楼。当一个孩子学会了拼写，意味着他已经具备未来所需的读写、理解、学习能力的基础；而当一个成年人领会并消化了"ARC 卓越品质"的精髓，就能演化出一个像汉语言一样绚丽多彩的世界和无限可能性！不只是自己，我们的家庭、企业、所处的大环境都会因此不同……

让我们先找到这条蜕变之路的起点——觉醒（Awareness）。一个人所能获得的成就，取决于他在多大程度上感知世界。存在的意义、生命的使命、正向的价值观、通往未来的路……如果这个世界是模糊的，我们就会活在错误的假设、错误的认知里撞得满身是伤。单个人是这样，一家大型公司是这样，整个社会乃至人类的历史都是这样。

那么，觉醒到底是一种什么样的感觉？想象一下每天早上你从睡梦中醒来，阳光布洒的世界焕然一新！就在不久前，我们还在熟睡里，身体和感官沉在湖底，感知不到身边人和事的来往变迁。只可惜往往强行把我们唤醒的，都是那些突如其来的不幸和巨大打击——感情终结、病痛袭来、事业亏空、至亲不在……

我自己就是一个被强行"惊醒"的例子。不是在1969年那会儿参加的"思维动力"讲座里，而是和第一任妻子离婚。有过同样经历的人或许能体会到，那就像是台风过境，横扫了整个家。而处在台风眼里的我，恰恰视野渐渐清晰，从抗拒到接纳，从指责到反思，最终这场突变，成为了我人生中的宝贵一课。

这样昂贵又至高价值的课，只能从深层次的自我觉醒及对世界的感受中得来，必须要经受直面现实的决心和考验。因为"醒了"，所以才看到了以往在沉甸甸的睡梦中或匆忙的脚步中被掩盖的内心世界：先是念想和心态，然后是一贯的表达和行为，继而开始反思，这些所思所想所做，甚至是从小抱到大的执念，它们是不是和我理想中想要的生活和结局没有半点关系甚至背道而驰？正是在持续"醒着"和不断叩问的过程中，那个原本若隐若现的"我"越来越清晰。——"我"是谁？"我"执着于什么？什么是绝不能松手的信念？什么最让人在意？"我"此刻在哪？能做什么？未来又怎样？……

我想谁都不愿被"惊醒"，因为太痛苦。然而还有一个关于"觉醒"的真相，它不会让你的世界在一夜之间天翻地覆，却会在不知不觉中蚕食你的感知力和创造力。我们必须面对，人往往会更倾向于把自己埋在"沙子"里，因为不去看不去听不去做不去想的"梦游"状态，好像更安全些。只是看上去是挺安全，但因为不看不听不做不想的彻底不为，一开始那些我们想逃避的问题，没得到任何改变，终究还是会摆到面前。

这样看来，就只能尝试怎样才能不靠外力就让自己苏醒。我们从祖先进化而来，生活在不停公转自转的地球，是不可能一直躲在夜里的。自然机能和生命能量的规律都会促使我们"睁开眼"去看世界，因为阳光底下才有万物生长！

第一条"觉醒"（Awareness）就先这样简单开个头，在后面还会详细展开，看怎样光是通过"醒来"，就能看到态度、习惯、信念和目标之间的关系，从所经历的事中提炼真相，酝酿今后人生路上更好的选择。

觉醒让我们具备了洞察力，在这个基础上再承担起"责任"（Responsibility），就有机会创造出有形的人生成果和触发各方面的良性循环。一个停止抱怨生活、抱怨命运，或拿年纪和学历找借口的人，他瞬间就从游离的边缘地带坐上了"掌舵人"的位置。这个位置上的视角非常开阔清醒，因为必须直面风雨看清现状，才能在茫茫大海上不迷失、不沉没，最终驶向风和日丽的港湾。

所谓的人格和自我，就是在"掌舵人"的位置上不断基于自发意愿承担责任而得来的，所以责任也是自尊和自信的源头。我深信这一点，所谓承担责任就是树立自尊，立刻放下"受害者"心态，重新更换芯片、寻找坐标、调动意愿和力量。说得通俗易懂一些，就是停止一切指责和懊悔，比如指责爱人、父母、老板，甚至是你养的狗。当然最重要也是最难的，就是停止责难你自己。

听上去既要"承担责任"，又要"停止指责自己"，像是自相矛盾的说法，但事实上真正意义的自由，就存在于这个尺度之间，甚至是在我们最抗拒和最不愿接受的事情面前。负责任不等于内疚、羞愧、自责、压抑，它只表示我们在面对任何事情包括困难的时候，不会干等着别人、外力或其他偶然契机，而是自己想办法走出一条更宽的路来。

说起来，这本书大部分内容都是在探讨"责任"这个词，看为什么即使是那些受过高等教育属于精英阶层的人，也会自觉不自觉地逃避；也看未来可能要为此付的代价，以及怎么样通过100%承担责任来改变生活。

觉醒了，又愿意承担责任，这个时候"沟通"（Communication）就成了下一个关键性的意识和能力。人生中很多成果都是"沟通"灌溉出来的，真实真诚、准确到位且富有感染力的传递和表达往往更能创造坚韧的人际关系，以及更有成效的生活及事业选择。沟通就像粘合剂，在空间上把人与人关联到一起，无论是私人关系，还是商业上的合作或更大的群体之间；沟通也像引擎，在时间上推动事情往前进展，一直到结果。

从"沟通"这一点上能看到卓越精彩和平庸匮乏的人之间明显的差异。同样面对人生的种种现实挑战，同样在起点线上怀着期望和理想，不一样的是，那些更容易做出成就的人会主动调动潜质，改善现状以接近理想的基准线；相反地，人生失意的人更容易向生活妥协，降低理想的标准，来迎合现状的缺失。从中我们获得的启发是，人必须学会清晰地表达所需所想，这样才可能不断把现实接轨理想。这是一种创造和改变的能力，而创造和改变的基本功还有赖于沟通的雕琢。

17世纪英国诗人约翰·邓恩（John Donne）曾说："没有一个人是一座孤岛，每个人都是宏伟大陆的组成部分。"这句说话很有见地、发人心省。一个人能成就的事太有限！几乎所有的理想成果都取决于我们能否与人有效互动。需要有人支持我们的想法，需要一支围绕着同一个目标而集结的盟军。当然所有开始到现在谈到的前提都是你真想要为自己的人生创造点价值，我想这也是你翻开这本书的初衷。在"沟通"（Communication）这一条上，这本书同样会不遗余力地为你展现超越技巧层面的完整提升路径和系统启发，让人与人之间的沟通更有力量、富于情感和行之有效。

以上就是"ARC卓越品质"的素描，像在黑漆漆的隧道里找出口，这三大品质将成为你手里最可靠的利器！请相信这并不是我一家之言，它和万有引力一样，是事情本来的模样。时光倒回到20世纪初，美国心理学家威廉·詹姆斯（William James）说过："我们这一代最伟大的发现，就是人类可以因为改变个人思维，从而改变生命！"如今已是一百年后另一个千禧年的开始，詹姆斯这句话在一代又一代人身上应验了，这份信念也是这本书的灵魂。

欢迎你！开启自我探索与改变之旅！

现在在你面前展开的是两条完全不同的路。

第一条路上长满杂草，走在那上面的人：

— 他们只看到框住自己的种种限制，有太多"我不行"的假设；
— 他们始终深度梦游，错过了路上一次次提醒自己醒来的信号；
— 他们逃避自身或别人的回应，抗拒一切对真相伤口的触及；
— 他们往往是人际关系、环境，甚至是自己的"受害者"；
— 他们更倾向于留在孤岛上，从不主动向外界发送沟通信号。

另一条路上硕果累累，走在那上面的人：

— 他们相信任何事都有可能；
— 他们每天醒着看待自己的选择和随后的结果；
— 他们对生命负责任，拒绝借口，从不逃避；
— 他们不停地主动寻求回应，真心感谢别人的反馈；
— 他们早已是沟通的大师，细心聆听、清晰表达、识别期望；
— 他们也会面对压力和不安，只是他们会沟通、沟通、再沟通。

3

你永远会为自己做出最好的选择

"一个人可能会失去所有，除了人类最后一项自由：那就是在任何情境下，我们都还能选择用什么样的心态去走眼下的路。"

——美国临床心理学家和医学博士

维克多·弗兰克尔（Dr. Viktor Frankl）

《人类对意义的探索》（*Man's Search for Meaning*）

"罗伯特，你永远会为自己做出最好的选择。"听到这句话是四十年前的事了，当时我觉得这是有生以来听过的一句最无聊的话。说这句话的朋友叫比尔（Bill Schwartz），他刚参加了一个什么"改造生命"的研讨会，于是我也认定了所谓的研讨会不过如此。对他一再劝说我参加这一点，只觉得是一种麻烦和负担。

"我永远会做出最好的选择？"我只能苦笑，因为在脑子里立马能打出一张密密麻麻的清单，那上面尽是些失败的事——冒险投资亏了钱、换份事业结果走进死胡同，同时走到尽头的还有婚姻……这些都是哪门子"最好的选择"？！

话又说回来，虽然我对这句话本身不认同，但不得不承认我这朋友最近看上去和以前是有了变化，变得更正面积极也沉着冷静了。包括印象中说这句话的时候他也是对着我微笑，是那种很自然的笑和侧耳聆听。从以前的他身上，我从没感受这种温暖亲和。而且他不会再掉进我那些喋喋不休的"怨妇的抱怨"里。对这种抱怨，我想你不会陌生，就是些很多人常挂在嘴边的，因为事情如何如何，导致我现在如何如何，在这个过程里，我如何如何受委屈，吃了多少苦头之类。是的，他现在不会被这样的苦水泼上身了。

影响我人生的一次谈话

在那之后，比尔和我另一个朋友拉里（Larry Nelson）依然积极地找我谈心，而且是我从没经历过的对话形式。时间过去太久了，我不可能记得每句话，但一些核心意思一直留在我印象里，现在翻出来和你分享。

"罗伯特，你知道我们重视和你的交情，所以这也是我们想要找你聊聊的出发点。你现在明显过得不好，一直在焦虑里。你经常会不经意间说到后悔做这个做那个，或者对未来有多没底。这样开门见山，可能会让大家觉得尴尬，但换了是你，你也不会对你看得到的朋友的处境默不作声。当然你可以不接受，甚至断绝来往，但至少可以先听听我们这段时间的观察和体会。"

我得承认，朋友这番话是真诚的，这一点我能感受得到。

"上次和你说起，人永远会做出最好选择，看得出当时你认为那是胡扯。上次没来得及展开，这次说不定能让你改观。因为你知道我们之前和你一样，也免不了对过去有懊悔。"

他俩说的这一点也是真的，还记得我一开始就提过，特别是比尔最近的明显改变。所以虽然我表面上还撑着，其实心里已经起了兴趣，想看看他们接下来会怎么展开对话。这个时候比尔开始谈起他在研讨会上最初的表现：

"第二天的时候，当导师说我们一直在做对的选择，我当时就跳起来向他挑衅。我不知道别人是不是这样，但至少这句话在我身上绝对不成立！因为我太清楚自己过去那些荒唐事了。我以为这位导师会想办法把我压下去，但他没有。只是顺着我的话问我发生过什么，请我接着说。这样的例子太多了，我也不知道哪来的勇气，说起了堵在嗓子眼的早几年选择离职创业的那次冲动。我讲到了当时我是怎么被底下员工拍脑袋的商业计划误导，陷入被迫抵押房子的经济困境；不仅如此，我和妻子的关系也亮起了红灯，还忽略了陪孩子。那次失败够狼狈，让我在朋友面前抬不起头，特别是之前公司的同事，因为当时自己是多么志气高涨确信前途一片光明，结果搬起石头砸了脚。后来想想我真是个典型素材，当着那么多学员的面，我一股脑倒出所有这些年的压抑、愧疚和懊恼。

整个过程导师都认真听着，在我讲到差不多的时候，问了我当时为什么要辞职创业。这个问题我一点都不陌生，在早前那份工作里不管我做得好坏，都没有任何成就感，而且在职位动荡面前，我一再陷入莫名的压力和纠结。导师又追问我创业后的感受和情形，不得不说，当时那种豁然开朗的释放感真好！在我面前有太多新鲜的东西可学，我找回了别人和自己的尊重，我的努力也能在自己可掌控的范围内见效并获得相应回报。再加上是自己的公司，所以全然投入不知疲惫。只是最后的事实是我失败了。

说到这里，导师的下一个问题渐渐戳中我的七寸——

'你离开公司去创业的时候，知道自己会失败吗?'当然不知道！当时壮志满怀一心想要做成。

'那如果你创业成功了，你觉得现在你会怎么想?'那还用说，一定是无比振奋，恨不得告诉全世界我是天才加勇士，能跳离讨厌的环境，成为生命的主宰并因此而富有。

'所以'，导师又说，'离开你当时的工作开始创业，就变成一个最好的选择了是吗?'我告诉他我本来以为是这样的，但现在公司倒闭了，我亏了太多钱……

他打断我的絮絮叨叨：'让我再问你一遍，我知道你现在失败了。

但在你做决定时你还不能预知未来，就在那个当下，你是不是为自己做了最好的选择？至少是在手边能选择的几种可能性中最合理的一条路？'

这一点，我承认了。

'那么，你现在是不是应该停止责备自己了呢？'

说这句话的时候导师特别平静，但这句话像春雷一样掷地有声地撼动了我！罗伯特你知道吗，就只是那样一句简单的话，瞬间卸下了我背负了那么多年的内疚和懊悔！我突然意识到那是对的，我们的确为自己做了最好的选择，不是在不切实际的幻想里选，而是在眼前的道路里权衡。要是我们总站在现在看过去，自然会受已经发生的结果的影响，绝大多数人都会想要重来。只是别忘了，在还没走到今天的时候，回看当时站在十字路口的我们，早已依靠本能为自己做了决定。

当我们确信做出的选择其实是最好的选择，就不会再陷在无休止的悔恨和徒劳里。不是'自责'，而是'负责'，一字之差的微妙转变，就能让我们更自如地面对生活里发生过、正在发生或将要发生的一切。罗伯特，以你的领悟力，只要看到这一点，你就会具备扭转现况的力量！你一定要相信我，因为我就是最好的例子。"

另一位在旁的朋友拉里听到比尔的肺腑之言也受了触动，他当时同样在课堂现场，他引述了那位导师提到的邱吉尔（Winston Churchill）的一段话——成功的代价就是负责任。也和我分享了他的感受：

"一个人回避担当的后果我再清楚不过了，可能到现在我都会继续后悔、继续内疚，把结果的不尽如人意怪到别人或这个世界头上，最终陷在泥沼里无法自拔，渐渐变成一个软弱无力的受害者。任何人都不能改变过去，但我们却耗了太多精力在过去里！停在过去显然是极其不明智的，只可惜身边太多人包括自己在内，都会着了魔一样逗留……我改变不了所有人，至少可以改变自己和重要的朋友。对于你，那么多年朋友，我们都看在眼里，也知道你有很多后悔做了或没做的事。我向你保证，以我们对你的了解，你在当时一定是在可选范围内做出了最大程度的权衡。你可以继续自己和自己斗，就像比尔前几年一样；同时你也完全可以纯粹地以承担责任的形式，重新找到动力朝前走。我的表达有限，没法把这股力量靠语言讲透彻，所以希望你能开始尝试像类似研讨会形式的探索，为人生找到转机。"

我的那点心思一点都逃不过这么多年好友的眼睛，他俩说完后随即给我两个选择：要么他们立刻消失走人，从此闭嘴不提什么研讨会什么改变；要么过几天约出来喝喝啤酒继续聊聊新的感受和决定。别忘了当时我们三个是在威斯康新州的密尔沃基（Milwaukee Wisconsin），那可是盛极一时的密歇根湖畔酿酒名城，我们几乎每个礼拜都要聚在一起喝酒。作为朋友，我知道该拿什么回应——老朋友的情意都在酒里头了……

我的旅程开始了

我们后来一起喝了酒，他俩——比尔和拉里——推杯换盏间依然热诚地希望我参加研讨会学习。抗拒纠结了几个月后，我最终还是"为自己做出了最好的选择"，推开了门。你能想象得到吗？我当时早就已经是个十足的老顽固，"拖家带口"地拽着这么多年堆起来的固执、成见、自我保护，就这样开始了我的改变之旅。

现在想起来，其实脚迈进去的时候还是不情愿的（仍然是一个"受害者"），只是心里深处隐约看到了人生可以更好的可能性。和大部分人一样，我不愿意承认自己的人生不完美，也很抗拒"改变"这个说法。是的，我想过得更好，但不代表要放弃现在拥有的，或尝试完全不熟悉且心里没底的新事物。最好有人变个魔法，不痛不痒地就把所有问题都解决了（当时我并没意识到自己有这个念头）。

事实证明了我在研讨会中收获太多！甚至是我人生中最醍醐灌顶的一段体验。毕业当天，我第一个上门道谢的就是那两位曾经无比执着的酒友，谢谢他们没放弃我。同时比他们早前还兴奋地讲述着这课如何如何改变了我（完全忘了我之前面对他们劝说时的固执）。

我永远记得他俩打量我的那个微妙眼神："老朋友啊，看来你还没真体会到呢。根本不是这门课改变了你，你在课堂里所有的表现，都是属于你的真实一面，由此带来的成果也是你的，一开始做出参加决定的人也是你。"

听到他俩这番话，不久前第一次谈话的画面又回来了。眼前的景象和当时没什么两样，同样是几个老朋友喝着酒聊着天，但这个时候的我，是和他们一起开怀大笑的。

主角依然是你，只是请再听我唠叨会儿我的经历吧

> "听到的，不久会忘记；
> 看到的，或许能记得；
> 做过的，才真的理解。"

1960 年代后期我参加的那个 4 天的研讨会，确实是我人生的重要转折点。毕业之后我做的第一件事，就是把我所有认识的人都邀请到这个课程里，比我那两个朋友还要乐此不疲。并在朋友、亲戚、同事的积极反馈中，坚定了我想毕生立足这个事业点的念想。

我对这个课的积极劲头不久就吸引了主办机构 Mind Dynamics（思维动力）的关注并被聘为总裁，系统学习日常经营，同时成为了导师。经过连续几年在全世界范围内的活跃，我拥有了自己的公司"Life Spring"（生命源泉）。再后来把这家公司转手给了其中一位股东，来到隔了一大片太平洋的日本开始同样的事业。

在日本的起步阶段是我人生中碰到的最难的事，也因为够挑战，如今回头看就成了最荣耀的一段经历。那几年我都已经不想再记起有过多

少次挫败、破产。每天为我充电回流的，是学员们和参与者们在小小课堂空间的无限收获。这股动力足够强大，所以后来我们在日本成功了，最初的愿景在全世界范围内开了花结了果。这么多年积累下的是我们一直引以为豪的"50万人"这个数字，这些来自日本、中国台湾、中国香港、澳大利亚和美国的年龄跨越18—88岁的成年人，有着共同的"ARC卓越品质之旅"的体验和经历。

不知道你是否留意到，我一直在强调"体验"这个词，因为它就是课程力量的来源。从"体验"里汲取到的切身体会，不是枯燥的学术钻研，也不是知识的填鸭。

在这里有必要简单解释下什么是"体验式学习"，一度这个词被普遍用在各类非传统模式的教学手法中，但它绝不仅仅是一种教学模式。和传统教学不同，体验式学习是从"做"中学，不是听课、做笔记、记忆公式理论，最后标准考试。在体验式学习中，学员会投入到专业设计的互动练习和游戏中，全面激活并调动身体、情绪、思考、体悟。可想而知，这样的学习吸收会更快、更有效、更有趣，而且永远不会忘记。对于没有参与过体验式学习的人，或许这本书的出现，能让你先大致感受在引导师的领路下，自己去挖掘、发现、体会的过程。这个过程可以变得非常享受！你会看到被平时脑子里所谓"理性"的条条框框困住的众多新可能！

经过多年研发升级，我们能清楚识别传统式和体验式学习的本质区别——体验式学习完全是一个发现的过程，这里没有绝对正确的单一答案。无论是在课程里还是这本书里，主角永远都是你，我们不会给你灌输什么七项规定十大准则，套用别人成功的经验。在这里，你需要心无旁骛地聚焦在感受中，没有人会入侵你的过去和现在，你要靠自己去找回对你而言最重要的事，认清这么多年来阻碍自己成长的固有模式，以及决定未来究竟要去哪儿。你会找到这个答案，不同的人答案截然不同。

最后让我澄清一下，研讨会也好课程也好这本书也好，都不是用来

"治愈"的。你没什么需要被治愈，治愈的前提是疾病或缺失，一般心智健全的人，只是会出现焦虑和紧张，那些不是残缺，只是提醒你需要做出改变的信号而已。循着这个信号，我们一起"归于原点"，重新找回小时候那个乐呵呵、天真清澈放光、时刻揣着好奇心，蹲地就能专注的自己。

你只是"听信"了，还是你真的"感知"到了？

"我常会这样告诉学员：我们的目的不是证明自己多聪明，而是让参与者唤醒他们身上的潜质。这是我偏爱体验式学习而非传统教学的重要原因。在充分的体验中，每位学员都会发现与他们相关的真相，而不是盲从于某位权威。自主性就是在这个过程中自然形成的。"

——美国心理治疗师及作家
纳撒尼尔·布兰登（Nathaniel Brande）
《自尊的六大支柱》（*The Six Pillars of Self-Esteem*）

在体验式学习中，会生发出一种强烈的自我肯定感，我们称之为"感知"，它的对应面是"听信"。

那些能被有效用在改善生命中的"感知"，往往都来自切身的体验。比如回想下在学校里学的理论和知识，如果你不是记忆超群天赋异禀，应该大部分已经忘记了（美国的统计数据是仅存30%）。但无论你是多少年前学会的骑自行车，相隔再久，跳上去扶住把手那一瞬间你依然能蹬着向前。那是因为知识只是外部的信息，而骑自行车的能力，是从小爸爸或其他人手把手带出来的，或印刻在你摔倒后的淤青里，已经成为你身体的一部分。

同样的道理，如果你从没吃过草莓，我可能要花一辈子向你解释草莓怎么好吃，你才有可能会信。但只要你吃上一口，就会瞬间明白。无论是多姿多彩的生活本身，还是我们的体验式课堂，或者这本书，都是要让你亲口品尝过草莓之后，品出自己的味道。

只要这股力量和热度是来自内在的，我们就能感受到它和外在强加物的明显不同，因为那已经不是别人的观点和看法，是我们自己体会到的。最佳的"感受"状态，应该是在一个充满能量、饱含情感，甚至灵性升华的环境里。"认知和感受"只存活在"此时此刻此处"，需要我们调动全部的感官、身体、情绪甚至灵魂，才能遇见。

至此，我已经按耐不住想用诺贝尔奖诗人德里克·沃尔科特（Derek Walcott）的一首诗，来收尾第一篇章的介绍。感谢他允诺我使用这美丽的文字，这首诗的字里行间，都是对"自我感知"理解的最好写照！

> 这令人震颤的欢欣一刻定会来临！
> 此时你推开门或在镜中看到的，
> 都是散发着喜悦和光亮的自己。
> 你发自内心款待这位久违的尊客，
> 倚窗而坐，美酒佳肴。
>
> 你早已再次爱上这个全新的自己，
> 斟酒、夹菜、以心相待，
> 这样都不足以回报对面人对你的爱。
> 她是全世界最懂你的人，
> 却一度被你拒之门外。
>
> 找来搁在书架上、镜框中、纸条里的情书，
> 在镜子里拓下你自己的模样，
> 共赴人生的盛宴……

——诗人、剧作家、画家
德里克·沃尔科特（Derek Walcott）

第二章

觉醒

拉住梦游的自己，伴他苏醒

4

不要相信我说的任何话

"你总觉得夜太孤单路太长，

爱只属于幸运或坚强的人；

然而四季在更替，

冬雪下埋藏着玫瑰的种子，

春天一到，遇光即会绽放！"

——贝特·迈德尔（Bette Midler）演唱

阿曼达·麦克布隆姆（Amanda McBloom）创作

《真爱玫瑰》（*The Rose*）

这是卓越人生研讨会第一天的早晨，导师对到场的 150 位参与者表示欢迎后，立刻表态："在未来三天里，你们会听到我说很多话，在那之前，首先要请你们记住的是——不要相信我说的任何话。"听到这，每个人都会纳闷，如果我们不能相信你说的话，那我们来这里干吗？

回到你正在看的这本书，其实我扮演的角色就是你的引导师或教练（和老师是不同的概念，我不传授知识，只是和你一起去探索）。我也同样想强调：不要相信你在这本书里读到的每一句话！

我最想看到的是你能在读的过程中保持质疑和独立思考。当然我相信你会，否则你根本连书都不会翻开。想要通过看这本书获益，一定要把自己放进感受里。只有这样，这本书才会陪你走过探索和自我发现的过程。要是你什么都听我这个外国老头的，你就是掉进了我的"探索"里，将止步不前。

我和那位导师同时这样讲的另一个原因是，如果你只是听、记，而不是置入自己，这样要不了多久就会忘记，更别说改善你的处境。所有请再敏锐一些，再允许自己"冒点险"，思考，同时也感受。

让我来告诉你一些具体的技巧，然后你尝试着用一下。其实没什么玄乎的，就是看的过程中，能时不时地停下来留意自己的反应，特别是捕捉到微微泛起的喜怒哀乐，顺着这些情绪的微妙变化，找到自己反应的根源。同时你需要问自己一些问题：我看到了自己的影子吗？被触动到神经了吗？让我想起自己并不太想面对的事了吗？我到底是在生气还是悲伤？这些情绪在暗示我什么？驱动着我情绪或行为的信念是什么？他们带着我去到我想去的地方了吗？还是成为了障碍？停下来，想清楚，或许就会柳暗花明又一村。

如果你是按着顺序读的，那一定已经看完了《你永远会为自己做出最好的选择》。现在回想下，刚看到这句话的时候是什么反应？你会不会嗤之以鼻觉得这纯属瞎扯？会不会感到有些气愤或失望？你是不是立刻在数自己做过的后悔的选择，比如买了这本书？呵呵，可能你也会对我这个写了这句瞎话的作者来气。总之，当时你的感受到底是什么样的？

说这么多，我只是希望你能抽离一会儿，把书放下，回头细细品味你对哪些字眼有特别的触动。不管是什么样的触动，都值得去找内在的根源。这本书不会设置任何条框束缚，它就是你的陪伴，助你找到和家人、朋友、职场、圈子更好的相处方式——当然最需要和睦相处的人，是自己。

一定有更好的路，当然你也可以不相信我说的话。只需要读下去，一边读，一边发问质疑，自我检视。

自我觉知和自我发现，一定只有在独处并和自己就人生重要话题对话的时候才会产生。每个人都是唯一的存在！在你出现之前，这个世界上从没有过一模一样的存在；同时在你离开之后，也不会再有。所以为什么不为这样一个全世界全宇宙都唯一的自己而做些改变？带着自己去发现新的可能性吧，不要停止尝试！

至于我，只是你的引导师和教练，当然我知道自己擅长发问，也会给你带来一些切实的建议，协助你拓展人生的宽度。但也仅限于此，你有选择相信或不相信的权利，只要你能时不时驻足、思考、内观，然后做出选择和用行动去改变。

不过唯独有一件事我是可以向你保证的，那就是你绝对有让自己过得更好的答案和办法。在这件事上，我非常确定！

迷失的人：

— 盲信所谓的大师，从未观照自己的世界；
— 困在狭隘的思维空间，忽视逃避身心的直觉；
— 在自身以外的地方找答案和所谓的真理；
— 闭门造车，未曾敞开迎接新的可能性；
— 消极地认定我就是这样，不可能改变。

觉知的人：

— 以尊重的态度，对每件事有效发问；
— 有勇气面对自我、向内深挖；
— 精于思维，也能纯粹地接纳身心感觉和精神意念；
— 找寻值得信赖的指引，汲取他们身上有价值的养分；
— 期待生命的惊喜，拥抱与之同来的一切。

5

叩问人生的意义

> "如果你问我对人生奥秘的本质解读，我可以给你打个比方：
> 承载生命的宇宙就像是一个巨大的保险箱，
> 打开它需要一连串的密码，
> 但这个密码恰恰就锁在了保险箱的里头。"
> ——美国作家 彼得·弗里斯（Peter De Vries）
> *Let Me Count the Ways*

只有当一个人开始向内看的时候才会发问：生命为何？西格蒙德·弗洛伊德（Sigmund Freud）对此的答案是：爱和工作。这点没错，但我认为人生的意义不只如此。我找到一个可能更好的回答，就在维克多·弗兰克尔（Viktor Frankl）《人类对意义的探索》（*Man's Search for Meaning*）这本书里：

"泛泛无所指地问起人生的意义，就好比向棋艺大师请教世界上最棒的一步棋是什么。当脱离了特定的棋局和对手，根本就不存在好棋的说法。每个人来到这个世上，都有他独特的使命，需要穷其一生去圆满。没有人可以彼此替代，也不会出现完全一样的两个人。在完成使命这件事上，完全是个体的专属轨迹。

每个人所处的现状背后都隐含着特定的挑战或需要解决的问题，从这个角度来说，某个人的人生意义其实已经被指定。最终我们可能要问的并不是自己活着的意义是什么，而是这个特定的'我'是谁？现在在哪里？换句话说，我们早就接下了人生的考卷，每个人都只能在自己的答卷上答题。只要当我们为自己负起责任来的时候，人生才开始有担当和意义。"

是的，"责任"。我们一次次地被召回到它的面前，无论是为了在某件事上成功，还是整个人生的圆满，或是最终找到存在的意义，它都是我们无法回避、必须直面的一个终极命题！

从天而降的生命

我们一起来想象一个画面：人的出生就好像被从一架在3万英尺（约9144米）高空飞行的飞机中抛了出来！而且没有降落伞。从离开飞机的那一瞬到掉在地上之间的这一段，就是我们所拥有的生命。是的，就只有那么短的时间。这不是什么消极的宿命论，而是不争的事实。

好了，既然我们不能选择不死，因为死亡是所有生物的归宿，那么至少我们可以选择对待生存的态度。从飞机上被抛出来到着地这一段时间该怎么度过，完全取决于我们自己的决定。同时人生的本质也在于此——从一个当下到另一个当下的经历和体验。这一路，无非两种选择：抗拒、挣扎；或是接纳、享受。

这是疯言疯语吗？不是。当我们从高空往下掉的时候，有人只顾声嘶力竭大喊："天哪！我快死了！"；有人咬牙切齿地咒骂这该死的地心引力；但也有人平静地在面对——"好吧，反正几分钟后一切都会结束。趁着现在，就让我尽情地看看这世间绝景，感受这包裹着身体的强劲气流，向下急速坠落的恍惚失重，然后牢牢记住从这个绝美的角度看到的壮丽世界……"

没人知道自己到底什么时候会离开，余生可能只有几秒、一个礼拜或者二十多年……虽然以现在的医疗条件，活到70、80、90岁大有人在，但谁又能完全保证呢？那么，为什么不好好活着？不再徘徊抗拒让韶光空逝，也拒绝迷失在日子尚长的幻觉里，生命珍贵得随时都会只剩下最后几分钟，让我们立刻浸入当下的美好！

> 我歌唱，不是为了谋生；我爱着，像从未被伤害；
> 我舞蹈、舞蹈、尽情舞蹈，不需要任何观众；
> 我生命的意义，就在于时时处处的由心而发。

> ——美国歌手 卡希·马蒂（Kathy Mattea）演绎
> 苏珊娜·克拉克（Susanna Clark）、理查德·丽（Richard Leigh）联合创作
> 《由心而发》（*Come From the Heart*）

如果在我们一路下坠的时候，还耗尽所有精力对抗万有引力，这样的生命未免太过残酷！其实生命本身很轻盈，你看那树在生长、花在绽放、鸟正飞翔、树獭悠闲自得、鸭嘴兽欢快穿梭水陆……生物们都在循着大自然的韵律而存在，唯独我们人类，给生命绑上了太多人为的执念，在抗拒中背负了更多，在逃离中被束缚得更紧。

"被抛出飞机，从天而降"的这个例子，既可以被看做触目惊心的噩梦，也可以成为绚烂美好的瞬间。当我们毅然丢掉臆想，接纳生命的真实，人生智慧的泉水就开始解冻流淌。美国哲学家亨利·戴维·梭罗（Henry David Thoreau）说过："是人类强行背负的枷锁，使生命困于死寂和绝望。"这枷锁不是外面的世界给的，而是自己铸起的。换句话说，生命就是我们心态的写照，自己锁上的，自己也能解开。

背负枷锁的人：

—— 看不到或拒绝去看生命的目的和意义；

—— 无意义地浪费，好像人能永远无止境活着；

—— 即使知道也抗拒和否认宇宙不可改变的规律。

轻盈自在的人：

—— 欣然地接受人生的恩赐，活现使命；

—— 活在当下，由心而发；

—— 舞蹈、舞蹈、尽情舞蹈，不需要观众。

6

奇迹这点事儿

"我为西瓜种子的神奇力量而着迷。它破土而出并结下超过其本身重量20万倍的果实！如果有谁能为我解开这个外表有着艺术纹理、内里白环裹红心、又包着颗颗同样能长成20万倍分量黑色种子的植物的奥秘，那我就告诉他什么是神。"

——美国政治演说家 威廉·詹宁斯·布赖恩（William Jennings Bryan）

最近一档电视节目中，主持人问观众他们是否相信奇迹，结果没一个人说相信。他们声称自己对此抱有开放的态度，只是非亲眼所见、亲身经历。说实话这让我很不解，甚至很惊讶。要知道我们作为人类降生在这个世上本身已经是一大奇迹！而人们竟然对此熟视无睹。

让我们暂时跳脱脚下的土地和居住的这颗星球，将目光投向宇宙。晴朗的夜晚躺在尚未被人类文明开垦过的广阔平原，仰望星空，就能看到银河的倩影。银河系有数千亿颗恒星，其浩淼早已超越人类想象。而天文学家告诉我们，整个宇宙中还有数千万个银河系！试想在浩瀚的宇宙中，我们脚下这颗星球是那样微不足道……但恰恰是在这里，你才能躺着看星星，生命在这里被平衡的力量、宜人的温度、丰富的养分包围孕育。你是否思考过这样的奇迹从何而来？如何存在？

我十分好奇，人类至今为止在智力上的进化之精妙，但偏偏大部分人都不懂得如何使用这珍贵的资源：我们的身体、思想、情感及精神。在众多奇迹之中，我们对自己的存在本身，似乎还常处于梦游的状态，好像还活在人类可以永生的错觉里，妄想着带妆彩排再来一遍。

在这个广阔无垠的世界面前，人类就像蝙蝠一样盲视（当然这样说蝙蝠不公平，它们也是奇迹般的存在，因为它们的启发，人类发明了雷达，它们还具备超强的超声波探测能力）。我们以地球高智力生命体自居，但对生命智慧的无限形式知之甚少，甚至还不懂什么是智慧。

地球上已知的物种超过数百万（而且不断在进化和发现），包括昆虫、植物、哺乳类、甲壳类及软体动物等。每一个物种都是那样神奇与独特，有自己的生存繁衍之道，比如要是说到完美的社会体系和团队合作，蚂蚁这个物种就算媲美人类，都有过之而无不及。

难道真的没有奇迹吗？来看看剑桥大学皇后学院院长、量子物理学博士约翰·鲍金霍恩（John Polkinghorne）在著作《我们的世界》（*One World*）里如何形容：

"在宇宙扩张初期，扩张的力量必须要有引力来平衡。如果张力过大，所有一切都会极速向外飞散，星体和星系就不能形成；相反如果引力过大，宇宙就会向内坍塌，生命也不会有机会出现。所以我们的出现，是张力和引力之间完美甚至精准平衡的结果。如果用数字来表达，或许要计算到亿万分之一的精准度；如果用形象来描述，就是我们站在宇宙的一端，要瞄准远在亿万光年距离以外的一个只有2英寸（5.08厘米）大小的目标，并准确无误地击中。"

这可能已经引发了你的思考：这样庞杂的机体世界到底是怎么形成并存在至今的？正如著名物理学家保罗·戴维斯（Paul Davies）在他最近一本著作《第五个奇迹》（*The Fifth Miracle*）里写道：

"太多不可思议的现象在宇宙中起舞：有十亿个太阳那么重的怪物般巨大的黑洞正在吞噬星体喷涌气流；中子星每秒飞旋千次，即使是几立方厘米的颗粒都重达亿吨；亚原子粒竟然可以穿透光年厚度的固体铅……然而，尽管这些都让人瞠目结舌，但其奇妙程度还是不能和生命相比较。"

好了，够了，让我们回来。我想表达的其实很简单，如果你不相信奇迹，我们就需要找到另一个词来形容生命的价值。是神圣的礼物？是一次偶然事件？还是纯粹的运气？不管用什么词，我都希望你能以看待奇迹的心态对待自己的人生，任何轻视或茫然都是对这颗星球上生命的可怕浪费和亵渎！

问题、问题、更多问题

"即使拥有再多，死了就是死了。"

——在一件 T 恤衫上看到的

很多人相信，拥有更多的"答案"，才是得到成功人生的关键。他们谨慎地排练和设想，时刻做好快速回应各种问题的准备，任何时候都不愿放弃对事物的掌控，紧绷神经。

但我认为人生更多的不是关于答案，而是发问，问一连串对的问题。如果在你生命最后一天，你对这个世界产生了比你来的时候更多的思考，那么你一定有过一段丰盛的人生。这种丰盛，是金钱名利买不到的。

是的，抛出更多的问题。在这里，我想起传奇音乐人弗兰克·辛纳屈（Frank Sinatra）的一句颇有悖论意味的话，这句话来自彼得·哈米尔（Pete Hamill）为其以朋友身份所撰的传记 *Why Sinatre Matters* 中：

"我爱身边每一个人，但他们都终将离去，包括挚爱的女人……那你说，生命降生的意义到底在哪里呢？难道这就是人生？你在一天天变老，但知道的却越来越少。"

我身边都是些善于发问的朋友，其中一位他曾向伟大的印度灵性导师克里希那穆提（Krishnamusrti）问及何谓智慧。大师这样回答："永不休止的好奇心。"要做到永不休止地好奇，就意味着要放弃"我是对的"这个念头，允许内心存在着比答案更多的问题，以此来对当下保持敬畏。

爱因斯坦对智慧奇迹的看法十分干脆利落："生命的活法只有两种可能。要不坚信世间没有奇迹，要不就把每一件小事都看成是奇迹。"这位科学界的伟人，对人生形而上意义的思考也形成了如此精到的"相对论"。

所以，接着所有伟人对生命意义及奇迹的看法，我要再次提醒你，我亲爱的读者：时刻牢记你的独特和唯一，牢记你值得拥有和生命奇迹对等的卓越人生。就算你现在还不完全相信，也请尝试假装相信，直到某一天你切身体会到了那是真的。那个时候，你就会收到一份礼物，一层层无止境被打开，一层层都装着惊喜和发现！

不相信奇迹的人：

— 世上没有奇迹，自己的存在也不过如此；
— 无法认可自己和别人的独特、唯一；
— 认定拥有更多答案，才是最终的答案。

活在奇迹里的人：

— 相信奇迹，自己本身就是最大的礼物；
— 永不停止地好奇和发问；
— 在当下迈开继续探索的双脚。

7

匮乏与丰盛

"神，请赐我一辆奔驰吧，朋友们开的都是保时捷，我必须跟上。"
——美国歌手　贾尼斯·乔普林（Janis Joplin）演唱
同迈克·麦克卢尔（Michael McClure）、鲍勃·纽威尔斯（Bob Newirth）联合创作
《奔驰汽车》（*Mercedes-Benz*）

接下来的这段文字，我们将从另一个视角去看两种不同类型的人——活在匮乏里的人、活在丰盛里的人。

先说后者，活在丰盛里的人，他们觉得所有东西都已足够，有足够的金钱、食物、工作、爱。为什么能做到这样？因为首先他们看自己就是足够的，不需要靠外界的填充来获取安全和满足。再回到前者，那些活在匮乏里的人，总感觉什么都不满足，永远在琢磨下一步要做什么、吃什么或得到什么。其实说到底，这些都是为了填补心里那个不可能被填平的黑洞。而这个黑洞的真相是他眼中那个还不够完整和重要的自己。

在我们的研讨会上有这样一个青年人：相貌出众，才三十来岁就在加州房地产市场上赚了很多钱；一般富豪有的生活他都有——开法拉利、令人羡慕的模特女友、洛杉矶的豪宅，还有滑雪场的木屋。但透过他的外表和身价，你能清楚看到他并不享受这一切，反倒过得很痛苦。

我问他为什么来这儿，他回答："18岁那年我就下决心要在30岁时成为百万富翁，结果在29岁前就做到了。那段时间我每天工作16个小

时，根本没有放假和旅游的概念。当我高价卖掉第一家公司时，我跟自己说总算到了享受人生的时候了。但慢慢地生活开始出现问题，总觉得头上有乌云，压抑、没趣、提不起精神。我来这是因为意识到了必须停下来重新找支点。否则再这样下去的话，我不能保证自己是不是会找个楼跳下去。"

狂喜过后

就好像是一个久经锻炼的登山狂热者，最后登上了珠穆朗玛，当有人问起在巅峰上的感受时，他说那里什么都没有！这种感觉是不是很熟悉？当我们全力以赴达成目标之后，总期待着让人信心爆棚的成就感和人生翻越了新山头的释然，觉得自己一定会永远记得那个镌刻着荣耀的瞬间。但事实情况往往不是这样——"那里什么都没有"。翻过一个山头后的自己，很有可能还是原来的那个自己；在更高的山头看到的风景，也极有可能早就见过路过到达过。

绚烂烟花坠后，天还是黑的。

那位青年才俊面临的问题，也是我们每个人都要学习的一课。如果内在的"我"没有改变，即使拥有再多，也无法补齐心里真正的缺失。假设每次都得到了更多，他会怎样？当达成目标后仍得不到预期的满足感，他就会自觉不自觉地把目标要求不断拔高。长此以往，要是他还是没尝试向内求，即使外在财富或成就再多，他的生命以及他对待生命的感受，也不会发生任何本质改变。

更丰厚的待遇、撩心的梦中情人、豪华的假期、满屋子的收藏、第一个100万、冠军的荣耀……这些都是拿绳子挂在驴前面的胡萝卜。如果不找到拿绳子的那个人，脚步越快，离真实越远；消耗越大，越感饥饿。

8

发疯并不是疯子的专利

"发疯只有一个定义，那就是不停地做着同样的事，却期待因此产生不同的结果。"

——伟大的科学家 爱因斯坦（Albert Einstein）

"发疯"两个字让人联想到妄想症和精神病，这些是生活里非常少见的情形。但有一种相当常见又相当危险的"发疯"形式，值得我们引起足够警惕和重视！那就是持续做着同样的事情，却想要得到不同的结果。

会有人这么傻吗？是的，我们有时候就是这样做的，甚至还是这方面的天才。但如果这种状况一直持续下去，就真的有可能会加入"疯子"的行列。同时为了搞明白或解释为什么结果没有任何改善，我们会开始拼命在四周找"罪证"，比如运气不好、环境太糟。这样做的后果是显而易见的，不解决内在根本问题，结果一定会让人持续失望。

为什么老鼠比人聪明？

通过研究老鼠的心理和行为，或许能学到一课。显然老鼠是不会在心理上摧残自己的，根本不需要心理医生来解救。对它们而言，活着只有一个目的：找到奶酪，吃掉它（换个说法，就是想方设法找到自己最想要的东西）。人类就不同了，我们也会寻找想要的东西，但同时，总会被太多无形的干扰或我们认为更重要的事情带偏轨道。

不信？那好，我们来看看实验的结果。研究老鼠行为的科学家做了一个迷宫，里面放上三根管道，标为管道1、管道2、管道3。然后在管道2的尽头放了一大块美味奶酪。这时候把老鼠放进去会怎么样？它会到处看到处闻，一个个嗅一圈，直到发现目标就立马跑过去吃掉。因为刚才说过了，这就是老鼠活着的目的：找到奶酪，吃掉它。

如果你不断把奶酪放进管道2，然后让同一只老鼠在迷宫里跑，那只老鼠不会浪费时间在管道1和管道3里找，会直接跑去管道2的尽头，享用美食。

这样经过多次试验之后，如果突然把奶酪从管道2换到了管道3，会怎么样？老鼠会怎样做？一开始它当然还会直接跑到管道2去吃奶酪，这已经是它的习惯了。但你会发现，当它在管道2里再也找不到食物的时候，它很快就会再去闻另外两个地方，然后轻而易举地饱餐一顿。

同样实验放在我们人类身上会怎样？如果我们把金钱、爱情、成功、快乐这些比作"人生的奶酪"，凭借我们高度进化的大脑，我们会比老鼠更快发现放在管道2里的宝贝，甚至都不会去搜看管道1和管道3，因为对我们来说，要"知道"目标在哪儿，是件再简单不过的事情了。

但是接下来，有趣的事情来了。当你把"奶酪"从管道2移到管道3之后，你会惊讶地发现，绝大多数人都不会轻易地放下我们所"知道"的，往往会继续在管道2里翻箱倒柜。即使我们已经察觉到这里根本已经没有"奶酪"了，依然会锲而不舍，掘地三尺。

为什么？

是的，不要忘记我们有个硕大的、装满各种想法的脑袋。我们对生命的目的已经不再是简单的"吃"，还有更"重要"的事，那就是坚信自己是"对"的！最终甚至为了证明这个"对"，而失去了一开始想要的那块"人生奶酪"。

那这又是怎样造成的呢？让我们一起模拟下长大的过程，每次晚上和家人吃饭的时候，老爸都会在你耳朵边训诫："记住，不可以轻易相信任何人。等你长大之后就会明白，这是个弱肉强食的时代，别人会想尽办法不放过任何机会去欺骗你或夺走你的东西。所以必须保持警惕，学会保护自己。"试想下，对一个孩子来说，父亲扮演着多重要的角色，他在你的认知里输入的"对的程序"会是多么烙印深刻。

然后到了你12岁的时候，第一份工作的工资就因为老板的离开而落了空；再到16岁，把辛辛苦苦给别人搬砖头修草坪赚到的50美金借给朋友，从此再也没还回来。一开始由父亲种下的"你不可以相信任何人"这个念头，一次次被验证和强化。

现在你长大了，决定从事建筑行业，于是你开始去找合伙人。请问，你真正需要的是什么样的合伙人呢？自然是要找诚实可信的人。但不幸的是，那个在你脑子里的强烈"真理"已不可撼动——"人是不可以相信的"，你极有可能下意识地就"找"到了一个最终会欺骗和抢夺你所有的人。

当这件事发生之后，你又会怎样告诉自己？——"我就知道！就是不可以相信任何人！我果然是对的。"那个声音和观点再一次被证实和强化。如果我们不及时醒觉，找到形成我们行为模式的根源，同类的循环还会继续。这就像一直徘徊在管道2里，请别忘了，在那里，我们已经找不到"人生的奶酪"了……

让"疯狂"降温

"公鸡只有看到了曙光才会啼鸣，
把它放在黑暗中便只剩沉默。
而我，因为曙光一直在心里，
所以我正发出嘹亮的号角。"
——世界拳王 穆罕默德·阿里（Muhammad Ali）
在获得重量级世界冠军后的第二天，皈依伊斯兰教

"自我觉醒"，是中断"疯子"行为的第一步。它让我们开始懂得"活在当下"的真正含义，在留意内在的想法和感受中，清醒地检视自己所有行为和结果。一架飞机要从伦敦飞往纽约，虽然电脑会事先设定航线，但在飞行过程中，由于风向风速和地球引力等因素影响，飞机还是会偏离预定轨道。要使飞机准确到达目的地，过程中需要不停修正。以今天的科技，电脑会检查飞机的高度、方向、位置和速度，并作出适当调整。如果不是这样，飞机根本无法到达目的地，可能飞去了洛杉矶、加拿大，甚至更远的地方。

飞行的过程和我们的人生极其相似：要到达目的地，我们也需要并愿意持续保持修正的状态。当然修正的前提是知道目前"飞机"在哪儿，任何误读都会导致判断失误。

但凡成功人士（这里指的成功，不只是有钱）都会足够留意和接纳他遇到的一切回应，就像飞行员高度谨慎对待仪表上的数据一样。无论是失败的经验，还是他人的反馈，这些都是他们人生导航仪上非常宝贵的资料。有赖于它们，才能确保每一次旅程都能成功到达心驰神往的目的地。就如心理学博士丹尼尔·戈尔曼（Daniel Goleman）的描述："这种在每一个当下都能清晰把脉自身感受的能力，是洞察力和自我觉知的关键基础。一个更确信自身感受的人，毫无疑问会成为更出色的人生舵手。"

可惜，很少有人会留意生命中接收到的各种回应，并根据它们来判断什么可行、什么不可行；也很少有人懂得让自己独自去感受和注意每一刻的内在情绪。纳撒尼尔·布兰登（Nathaniel Brandon）博士在《自尊的六大支柱》（*The Six Pillars of Self-Esteem*）里这样写道：

"几乎所有的精神探索和哲学经典里，都会有关于人类正如何'梦游'着存在的描述。觉醒具有极其可贵的启蒙作用，进化和革新来自人类意识的延展。高层次的清醒带来的是更多的选择和可能性，当然还有一连串随之而来的称心如意。"

人类在这颗星球上的时间短如昙花一现，转瞬即逝，是不争的事实；但偏偏太多人都还活自己或家人朋友的生命会无止境延续的幻觉里。这种似是而非的对死亡的"选择性失忆"是麻醉很多人一生的主旋律，除非"有幸"地遇上了一次震撼性的打击或警醒，才会迎来改变人生的一声春雷。

我们生命中的每一刻都是一份瞬息绚烂的厚礼，错过就不会再回来。好消息就是你不必非得靠强劲的"惊醒"才有机会改变，其实你现在就可以选择自己睁开觉知的双眼。

让"觉醒"不只值三块钱

我们花了很多笔墨来阐述"觉醒"的重要性，但如果只有觉醒，就和兜里有三美元只能买到一杯咖啡一样，没有什么太大价值。也就是说，虽然觉醒对改善人生的过程至关重要，但假如只是醒着，然后什么都不做，也只能维持现状而已。

所以，从现在起，我们要再往下延伸一步，让觉醒的状态切实影响到我们每天的行为。不同于以往还沉浸在梦游的"安全世界"里，我们现在已经醒来，并懂得了生命的珍贵，所以此刻看世界的眼神都变了。我们已经清醒地认识到了世上一切生命——朋友、家人、孩子、父母、宠物、盆栽、自己——终究会迎来终点，只是我们不知道是哪一天而已。所以现在握在手里的还带着我们体温的"这一刻"，才是我们真实拥有的。因为深刻察觉到了这一点，所以每天早上我见到妻子和孩子的时候，都如同初见，或者以后可能再也没机会再见一样珍惜。

听听安妮·狄勒德Annie Dillard在《写作生活》（*The Writing Life*）中写下的感受：

"为什么死亡总让我们措手不及？特别是挚爱之人的突然离去。即使这样，我们仍然希望自己永远不要陷入沉眠，我们应该聚到一起排起长队，像原始部落里的人们一样，半裸着身躯，互相用葫芦打着节奏围着篝火起舞。但事实是，我们正在各自看着电视，错过了人生的美妙篝火之夜。"

当我真正做到活在当下——更准确地说，是把当下的每一刻都看作生命中唯一的一刻——那每天上班、回家、周末、购物、再上班的循环便不再乏味。我感恩每一刻都在真实发生的全新体验，每一天都散发着新鲜的味道，即使是重复着同样的事情，也已和过去完全不同！新的24小时即将展开，不久后清晨的第一缕阳光就会带着清新和喜悦造访。我听到悦耳的声音、闻到甜美的香气、感受到温暖柔软的包围，是的，我正充分亲吻着这个世界，我醒着，我感受着，我存在着，我活着！

一个在英国做销售的朋友，跟我分享了一个他同事的故事，那同事是一个完全按程序行事的人，已经强迫症到了一定的程度，每天丝毫不差地做着一模一样的事。他问怎么样才能增加收入，有人告诉他，只要改变现在的模式，然后每天都持续推翻前一天的做法就可以了。比如，每天在不同的时间起床，吃不同的早餐，走不同的路线上班，甚至偶尔尝试一下迟到并学习处理因此而带来的别人态度的变化。我的朋友还让他经常改变家具的位置，并亲自督促。以前他每天晚上都必看不可的一档节目，现在同样也取消了。

结果是震撼的！那位同事的收入有了突破性的增长。而更峰回路转的是故事的结局，这样的状态维持了三年后，竟然又被他自己拨回到了原来的模式，甚至连家具也摆回了三年前的老位置。同时你猜对了，他的收入也跟着回落到三年前的水平。只能说，他一度短暂地改变了自己的行为，但没从本质上尝试意识的转变，所以结果如此，也没那么出人意料。

要把每一刻的觉醒成为一种持继性的习惯，这需要高度的专注和警觉，以及长时间的锻炼。每天、每时、每刻，直到很自然地成为习惯，像呼吸一样随着身体的每一个毛孔自然张开。那个时候的你，会更敏锐、清晰、强烈地感觉到生命力的充盈！

觉醒的过程，古往今来都是如此，也没有什么特别的秘密。你只需要开始就好，每一刻都选择更清醒地感知世界。当然不要以为这很容易，只是它带来的美好结果，绝对值得我们去努力。

匮乏且被固化的人：

— 总认为他们还"不够"；
— 始终被匮乏感侵袭；
— 卡在固有的障碍模式里，并坚信那是"对"的；
— 一直在梦游，从未醒来看世界。

丰盛并自我驱动的人：

— 尽情体验每一份生命当下的礼物；
— 被丰盛感萦绕，心生喜悦；
— 毅然放开那些阻碍人生成就的固有模式；
— 坚守行动导向的觉醒，主动改变自己和身处的环境。

9

冰山下的潜意识和泰坦尼克

"大多数人生活着，他们只是用到了思维意识中很小的一部分，还有大量潜能没被激发。就像一个人全身健全，却只是用了小手指头。"

——美国心理学之父 威廉·詹姆斯（William James）

人类神奇的大脑能进行包括意识层面和潜意识层面在内的多层次运转。在意识层面，我们只能感觉到极一小部分的思想、感觉及身体触觉；生命95%以上是在潜意识下运转的，就是我们意识层面以下的部分。换句话说，人大部分时候都是靠自动导航在"飞行"。当然这其实是一件好事情，因为如果不是这样，我们根本就无法维持身体最基本的功能。

想象一下如果我们的身体是100%靠意识在指挥的，那就意味着我们要有意识地调动身体的每一寸感官、每一丝情绪、每一个念头。打个比方，单单想在早上起来，就要把动作细分为："嘿，听好了，用眼皮的肌肉打开右眼，然后左眼；眨右眼、眨左眼、再两只眼睛一起眨；直起身来，把左脚放地上，用内耳的平衡系统保持平衡，再把右脚也抬起来……"天哪，我都写不下去了！要真是这样的话，我们每时每刻都必须想下一步要做什么，同时脑海里会被自出生以来学过、经历过的所有东西淹没吞噬！

所以，必须要感谢人体的"自动化系统"，让我们得以从可怕的海量细节里抽离，同时仍能进行必要的日常生活。比如，在脑下垂体的统一指挥下，我们的心脏在跳动，肺在呼吸，胃在消化，所有伤心或高兴的事都不会一齐泛滥，导致混乱和失控。所以我们是幸运的，因为身体的各个区域都在以特定的自动模式运行，风雨无阻，24小时全年无休。

再来想象一幅冰山的画面，它的主体部分几乎都在水平线以下，就像泰坦尼克号的沉没，并不是冰山在水面上的部分导致的，而是因为水平线下超过90%的巨大力量的破坏。

人类的大脑就是一座大冰山，同样地，就是那些水面以下的90%的潜意识层面的信念、态度和习惯，主宰了我们的希望与梦想。

人渐渐长大之后，学会了更能总结经验，给自我、他人和生命都建立了一套信念系统。这些信念大部分是能帮到我们的，比如，如果你明白从摩天大楼上往下跳是很危险的行为，这个信念就起到了至关重要的保护作用。当然，如果在成长的过程中，你建立起的是"男人都不可以相信"的信念，那又会如何呢？

我记得在我的训练课上有一位女士，我们暂且称她为Vivian。她在第一天晚上，完成了第一个关于信任和诚实的练习后，就做了分享。她说她对在场的大部分女士说的都是"我信任你"，而对大部分男士都说"我不相信你"。当我问她对自己的行为是怎么理解时，她提到了前夫曾外遇不忠给她带来的伤害。

"原来如此，那我现在明白你为什么会对大部分男士这样说了。"我说。

"其实最伤人的还不是这个。"她继续说，"这已经是第二次，之前第一任丈夫也做了同样的事。"说着说着，她的眼泪已经开始流下来。

我们的对话在继续着，我提醒她成年人会不知不觉地把小时候或早前建立起的信念，一次又一次地用行为变成现实，从而来告诉自己这信念是对的。在我这句话的引导下，她开始毫不保留地展开她的故事。

"印象当中我从小和爸爸就没有感情。"她说，"当我还不到两岁的时候，他就离开了妈妈。虽然会在我生日那天寄来卡片，又经常承诺会来看我，但他从来都没出现过。一直以来，都是妈妈一个人在养育我。"

"也许你现在能理解为什么你会碰到一个对你撒谎的男人。"我说，"而且不止一次。那我问你，选了这两个男人又发生了同样的事情之后，你更确信了什么呢？"

"那就是你不可以相信任何男人会在你需要他的时候出现。"她的回答很坚定。

"事情就是这样发生的，不是吗？"我说，"记得我们之前说过，人类在正确与开心之间，有时候宁可选择正确。实际上，恰恰因为我们不断地想要证明自己是对的，于是才把生活弄得一团糟。所以，是到了要醒过来的时候了，Vivian，请开始重新选择一些能让你安心的人和事，不要在潜意识里再去证明自己是对的。"

降下水平线，看见更多冰

要拥有更高觉醒，绝对不是件容易和舒服的事情，但我认为这是值得的。当你感觉到自己的觉醒度提高了，在你行动的时候就会有更多的选择，因此也更有能力创造你想要的成果。提升自我觉醒，就是知道自己是谁、行为模式如何，从潜意识的水底冒上来。这就好像把海的水平线降低，于是就能看到更多原本水面以下的冰山部分。我们要在这个过程里，和面对水下冰山的时候，更加留意自己的体验。是什么造成你日常的行为？无非就是那些自己坚守的信念，无论是有帮助的正向信念，还是限制和阻碍。

让我们从另一个角度再来看看冰山的说法。如果冰山所处的水流正以每小时三海里（1海里=1852米）的速度推进，而海面上正在吹着强风，时速一百海里，与水流的方向恰恰相反，那么冰山会往哪一个方向走呢？当然会被水流带着走，因为水流推动的，是藏在水底下90%的部分！这一点足以对抗海面数十倍于水底的强风。

作为人类，我们表层意识层面的目标、愿望、需求，就如同海面上以一百海里（1海里＝1852米）速度吹着的强风；而我们内心深处的信念、心态、习惯性行为，就如那不可抗拒的水流。无论看上去我们的意愿有多强，只要跟潜意识里的信念有矛盾，90%庞大体积的潜意识就会作出自我保护。有别于老鼠尝试多种途径单纯地想找到奶酪，我们人类的潜意识信念和习惯往往会驱使我们重复地往同一条管道里找目标，因为我们并未意识到什么才是影响我们在生命里真正创造出成果的东西，所以当在同一条管道找不着奶酪时，我们就会感到意外和被出卖。

胖一点还是瘦一点？现在的体重正好是你想要的

让我们看看一个大部分人都能理解的实际例子：体重。世界上有几百万人都觉得自己超重，也许你就是其中一个。你会经常说：我必须减肥！（据调查，西方国家每天就有一半人正在进行着各种不同的节食计划。）如果你曾经这样和自己说过，那么你就是一个典型的冰山的例子。回忆一下，上面10%是意识层面的目标，就是你对自己说要减到多少多少斤（无论你认为多重才正常）。但与此同时水面下90%的潜意识信念和习惯里，你藏着一个完全不同的念头——和你设想中的计划完全矛盾。

当然我知道你从来不会和自己直接说："听好了，你就是要超重。"只是可能你想和大部分人一样，可以因为超重了而迁怒于某些东西：出差太频繁，只能吃高热量的快餐，又没有时间锻炼；我妈妈也很胖，遗传了这烦人的龟速新陈代谢给我；那些专家教的什么饮食计划？根本就不管用……当然你同样会责怪自己："你看你真没出息！看到吃的就控制不住，你注定要失败，已经没救了！"

明白你真实的意图

于是我有了这样一个和你不太一样的看法，不妨请你想一想——你现在的体重不是意外，也不是由外界或环境因素决定的（不过环境的确可以支持到你）；你的体重，像所有生命中的其他成果，是在你真正意向作用下所产生的。

说到真正意向，我指的是既包括了意识层面的目标和愿望，也涵盖了潜意识里的需要和需求。就比如前面几章提到过的：你必须证明自己是对的；你需要保护自己不再受伤害；不管付出任何代价，你都要控制一切。

好了，重点来了："你的体重正好是你意向里想要的重量，不多也不少。"

当我在其中一次研讨会上说出这句话的时候，发觉前排坐着的一个中年男士，暂且称他为 Sam，正在不断摇头。我不确定他是不同意还是困惑，所以我停下来问他怎么了。他站起来说他同意我的说法，但就是不明白自己为什么要这样做，他说："这样做明显很不合理。"

我问他有多重，他说235磅（1磅≈454克），至少超重35磅。而我再问他有没有过控制计划，他说用过不同的方法，最后都回到原状。

"所以，在意识层面你对自己说你的意向是要减去35磅。但在潜意识层面的90%冰山里，你觉得自己在想什么呢？"

"看上去就是想让自己重235磅。"他回答。

"对！"我说，"就是这个分量，那你怎么知道这就是你真正的想法呢？"

他想了一想说："那是因为我接受你的说法，所以看我现在的体重和实际结果，就可能是我自己潜意识里想要的了。"

"又对了。在我看来结果是不会撒谎的，往往会揭示真相。所以，让我问你，Sam，你觉得你想超重35磅（1磅≈454克）是为了什么？"

当他回答完全不知道的时候，我请他从另一个角度去看，我问他超重了35磅会有什么潜在的好处。

"好处？"他说，"我想不出这样会有什么好处。当我照镜子的时候，我都讨厌我自己。"

那我就问他是什么时候开始超重的，他告诉我是在结婚之后，婚后两年，他重了50磅！

"结婚后第一年，发生了什么事？"我问。

"是这样的，"他说，"我和妻子在大学结的婚，因为她怀孕了。毕业后我就立刻出来工作，而她早在大二就退学了。"

"刚毕业就离开学校，挑起养家的责任，你当时什么感觉？"我问。

"很害怕，"他坦诚地讲，"害怕会失败。"

"那当你开始工作以后，"我接着问，"你对那会儿的同事和环境有什么感受？"

"我像个小孩，"他说，"当时我22岁，但看起来只有16，每个人都叫我小子。"

"我们假设你婚后第一年就不断增重就是你的意向，不管你那会儿是不是察觉到了，现在回头看，觉得你当时在这点上有没有什么潜在的意图？"

"有！要让身体更壮一些。"他开始浮现记忆里的感受，"这样其他人就不会欺负我，也可以给别人更成熟的感觉。记得当我体重增加之后，我就不觉得自己像 16 岁的小子了。"

"看来就是这样，对吗？"我说，"那你现在还是那个没有经验、长着孩子脸的嫩小子吗？"

"不。"他看着我，"已经不是了。"

"那么现在可能就到了你走出过去的意图，来对体重和人生态度都做个新选择的时候了。一个能让你感觉更好的选择。"

这就是 Sam 的故事。那么你呢？如果你也是超重或过轻，你这样做的内在好处是什么？是不是为了：

避免在另一段关系里受伤？
避免发现异性是否会被你吸引的真相？
证明自己是对的，我就是没有魅力，不值得被爱？
借此来惩罚自己过去做错的事？
证明你是自己的主人，其他人都不可以支配你的身体？
男人或女人果然都不能相信，我又对了！
为自己的庸碌找到借口，就是想活在风平浪静里，不想挑战自己？
再次证明自己是对的，我就是意志力不够……

总之我们觉得这样很安全，觉得会在某种程度上受到保护。但事实呢？是的，当我们选择保持安全，并把痛苦维持在最低水平的时候，令人心动的爱情、宝贵的友谊、带来满足感的事业，以及自尊和自信也选择了和我们保持距离。

想想你是不是愿意从安全的洞穴里爬出来，扭转局面，正面人生。对，这样做极有可能还会受到伤害，但机会和希望也同时存在，而且我们可以肯定的是，什么都不做，就永远陷在了过去的洞穴里，沐浴不到四季的阳光。

浮在水面上的人：

— 不会察觉到深层次的感觉和信念；
— 有各种无意识的自我限制；
— 认定自己有局限，还不遗余力捍卫这一点；
— 依赖运气和环境。

勇潜冰山下的人：

— 风雨无阻地自我感知和叩问；
— 明确自己的信念，并知道怎么转变成行动；
— 积极寻找反馈，逐个击退拦路虎。

10

你的舒适区域原来并不舒服

> "我好像只是一个在海边玩耍的小孩，
> 时不时因为找到了一块光滑的石头或者漂亮的贝壳就会乐开花。
> 但就在我被这些小玩意儿吸引的时候，却忘记了，
> 前面有一整片海洋在等着我去探索和徜徉！"
> ——伟大的物理学家 艾萨克·牛顿（Isaac Newton）

空调行业有个术语，用来开始这个章节，再合适不过了。在温度计上有一个区域，大约在华氏 72 度也就是 23 摄氏度左右，空调在这个温度区间就会停止运作，不制冷也不制热，这个区域被叫做"舒适区域"，也有人叫它"休亡区域"。

每个人都有一些领域和屏障是自己绝对不会涉足的，同时也限制了我们再向前迈几步走的可能性。即使是再有冒险精神的人，都不能保证他能全然无阻地进出任何领域。比如一个胆色过人的登山冒险家，竟然不敢约会心仪的女士；又如一个天天走钢丝的电影特技演员，会害怕当着很多人的面讲话。

有舒适区域很正常，它保证了生物能更高概率存活。不过对人类的意识世界而言，这个名字还是有些不恰当的，因为它基本上并不"舒适"，称它为"习惯区域"会更贴切一些。站在习惯区域里最严重问题是：我就算在某种程度上知道还有更多新的领域可以尝试，也不愿冒险。长此以往停留原地，人就会陷入自己制造出的习惯性的挫败感、平庸感和压抑感。

那么请问，如果在舒适区域里的生活已经开始变得不那么舒服，而你又知道只要你愿意向前踏出一步，生命就可以有更多选择，那么至今还没迈出的脚步究竟是被什么力量给牵住了呢？如果你生活在自由的状态，没有被监禁，也并不是一贫如洗，而且智力也正常，那么有什么东西会阻碍你走出去，去做你真正想要的事情呢？如果你是绝大多数人中的一员，可能你会说"我没有足够的钱"或者"我的伴侣不想我这样做"，又或者感慨"太迟了"等其他千千万万种无奈。

其实答案是非常清楚的，只有一点，那就是对冒险的恐惧和自我设限。

当我们说"自我设限"，感觉上去这四个字比较抽象和虚幻，像是概念上的纸老虎。所以你可能会觉得要跨越过去并没那么难，只需要多些反思。从另一种意义上来说，真相还真的就是这样。

关乎生死的东西，就叫信念

想象你现在回到了三四岁，有天晚上你在梦中醒来，看到漆黑一片，身边一个人都没有，于是你大声地叫妈妈。但她没有回应，于是你开始哭，一个人哭；再后来你为了盖过越来越大的害怕感，放开嗓子嚎啕大哭。但不管你怎么折腾，在漆黑的房间里还是只有你一个人。你被恐惧包围！被遗弃的失望和可能会永远陷入孤独的躁动堵住了你继续喊叫的气力。接着你强迫自己闭上眼睛，直到天亮。早上你醒了，发现其实妈妈就在洗衣间洗衣服。如果类似的情形在你童年时代经常发生，你极有可能会刻下一个想法——没人爱我，当我需要帮助时，没人会出现，我必须靠自己！"

在这种情况下种下的信念有多强烈？早已关系到了生和死的问题！那么在底线上产生的恐惧又是什么样的呢？显然是至深的对死亡和消失的恐惧。这也是为什么要打破信念上的屏障会需要很大勇气，我们不知道屏障的另一边是什么，不确定能不能顺利突破。其实舒适区域外面的世界是令人兴奋的，是富裕的，是能让人成长的；只是时间久了，这个"外面"又会变成"里面"，需要我们不断突破才能往前走更远，一路上更强壮和无畏。

你抱着信念，还是信念困着你？

"质疑所有或全盘接纳，两者都是答案，也都需要反思。"
——法国数学家 朱勒·亨利·庞加莱（Jules Henri Poincare）

有时在我们的培训研讨会进行到一半的时候，导师会突然请部分学员从座位上站起来。"这样，"他说，"我想请你们现在全部走上讲台，一位接一位告诉大家在你生命里发生过的最尴尬的事。"他讲完以后故意停顿了十秒，全场鸦雀无声。然后他话锋一转："好吧！我是开玩笑的。当然我已经要到了想要的反应。别忘了这是一门始终关于体验的课程，所以请告诉我刚刚那瞬间，你的身体发生了什么反应？"

答案大概就是：心跳加速、手心出汗、脚在颤抖、胃痛、肌肉紧绷等。换句话说，在那个时候，人类最原始的"临战状态"被激活了。如果有一头饿急了眼的狮子跑进课堂，大家的反应也大致会是这样。在生理学上来说，我们在危险面前已经做好了战斗或逃跑的准备。手心出汗是身体用来冷静的应激；胃部收缩和胃酸增加，代表身体正准备集聚所有能量来迎接这场生死决斗；面色转白和手脚冰冷，也是一种自然机能，把宝贵的血液输送到最需要能量的部分，准备极速冲刺。以上描述的所有生理应激，唯一的目的就是生存！

当然不会有狮子跑进课堂里，刚才导师只是随口讲了几句话而已，但为什么就能让全场所有人都像看见狮子一样严阵以待呢？那短短的时间里发生了什么？

自然是导师突然发出的这个指示，诱发了绝大多数人心里的恐惧：恐惧尴尬；恐惧当着这么多人的面说话；恐惧这些陌生人会看穿自己的懦弱和伪装；恐惧出丑显得自己很笨，等等。

其实等冷静下来回头看，我们也明白这些恐惧并不是真实的威胁，它的产生源自内心的假设和信念上的自我限制：我要在公众面前保护形象；我不可以暴露我的愚昧和无知；不可以给别人嘲笑我的机会；又可能是毫无根据的自我诋毁，认为不论我说什么做什么，都是个彻头彻尾的失败，不值得任何人来关注。

这个练习，显示了一个事实——信念的确会影响我们的行为。而这影响，从一个人很小的时候就早已开始。幼小的我们是那样天真无邪，喜怒哀乐是那样纯粹，从不知疲倦，也不怕在人前说话，还根本不知道什么叫"尴尬"，总是活现自己最真实的一面。后来渐渐长大的过程中，我们被改变了，会因为从父母、兄弟、姐妹、老师、朋友身上收到的"摇头"、失望、轻蔑这样的负面信息里，不知不觉给自己筑起了高墙。

我们不否认部分"墙"是很必要的，它们可以保护我们。比如"过马路要看车"，"睡前必须刷牙"这些儿时的教导，是限制，也是保护，确保我们健康安全长大。但如果是那些"我很笨"或"我一定会丢人"或"我一直都很差劲"的怀疑和牵制，就会把我们困在了那个不怎么舒服的"舒适区域"。

那为什么我们会建立起这些自我设限的信念？是因为在建立的那个时候，看上去似乎有它存在的必要，同时在短时间里也达到了"保护"的效果。只是，过去就是过去，此一时彼一时。对那些不仅已经起不到任何保护作用，还缚住我们无法前行的限制，必须要想点办法了。

信念 + 水 = 你

有人曾经说过，人类是水加信念做成的。

作为人类，我们的行为往往与内在的信念相关，无论在外看来是多么自相矛盾不可理喻，都必定与内在的信念系统共振。所以单单从观察一个人的行为，就可以得知其背后驱动的念想。

要说我们是信念的产物，已经不是什么新的说法。从佛祖到耶稣的各个宗教流派，或歌德和莎士比亚这些哲贤先驱，都有类似的观点。在这里就不做引述。

我们每个人都有一系列根深蒂固的基本价值观，他们来自长大过程中的文化氛围、家庭环境，还有过去的经验。当我们还小的时候，通常还不具备足够的判断能力，所以非常容易被身边所发生的事情误导，形成完全错误的看法或理解。换句话说，极有可能这些就是我们臆想和编造出来的，我编了我的一套，你有你的一套。所以如果之前你从来没对这个问题有过深入思考，那你听到我这句话的时候，可能会非常惊讶。原本那些你已经认定了的确凿的真理，很有可能和实际情况是完全相反的！或者再讲白一点，只是我们的直觉和看法，并不是现实本身。

所以到了这个时候，我们需要问的是，这么多年以来如影随形般伴随着我们的信念，是真的吗？还是说只是海市蜃楼？这种区分能力是一个人能否创造更好生活的基本功。

不要用"事实"来迷惑我

"如果所有人都要在确信自己知道之后，才张口发表见解，那么这地球将是一片寂寥。"

——艾伦·赫伯特（Alan Herbert）

有时参加研讨会的学员会有来自同一个家庭的兄弟姐妹，他们互相分享往事，相当戏剧性又非常有启发价值。

几年前，一位35岁上下的男士向所有人分享了一件20年前的往事。那是圣诞节前夕，爸爸答应送他一部全新脚踏车，他们甚至已经去店里选好了款式。当时只有10岁的他心心念念盼着圣诞来临，那个时候对他而言，全世界就只剩下这辆日思夜想的脚踏车了。结果之后的几个礼拜，爸爸失业了，所以圣诞那天的早上，连脚踏车的影子都没有！他心里恨透了爸爸，因为爸爸不守承诺！ 20年后的今天当他再次说起这件事的时候，还没有完全从那种失落感里走出来："现在长大了回头看，这件事太小了，但在那个时候，我真的有种被出卖和欺骗的感觉，那是我印象中最讨厌的一个圣诞节。"

说到这里，他的姐姐立刻站了起来："我真的不敢相信我们是在同一个家庭里长大的。你说的那年圣诞节我也记得，确实爸爸失业了，但却是我过的最快乐的节日。我们没有像前两年那样只顾着拆礼物，有些礼物我们根本就不喜欢，还要假装很惊喜的样子。但那一年，我们只是一起唱着圣诞歌，爸爸给我们讲着故事，全家还一起到雪地上散步。这些难道你都不记得了吗？"

弟弟看起来很疑惑，狂摇着头说："你说的事我一点都记不起。我只记得那时候只是我一个人在外面雪地上哭，用力地往一棵树上砸雪球。"

为什么同一件事情，在两个不同的人眼里会留下完全不同的印象？至于这件事情本身真相是什么，没人知道，纠结这个也毫无意义。这个例子带来的启发，反而是我们需要关注的。

每个人都有属于自己的体验和感受，这些感受往往都经过了各自信念和期望的过滤加工。信念建立的基础并不是纯粹的客观事实而是夹杂了太多个人对事物的主观印象。

如果你能看到这个区别，那接下来的问题就是，你真的愿意让一堆可能是错误的信念来主宰你的人生吗？你真的放心把成功和幸福这些重要的追求拴在你很多年以前所获得的对自身、他人、世界的似是而非的看法上吗？我想你一定更愿意真正掌控自己的人生，去改变那些一直在拖你后腿的来自过去的限制，从而更全力以赴地实现理想中的人生成果。

那么，这过程的第一步，就像之前所讲的，要从有意识地察觉开始，有了清晰的判断之后，下一步就是做好为此付出必要的勇气和代价的决心。

代价？什么代价？一听到代价这个词可能你又退缩了。你说你想摆脱那些自我设限，越快越好，但又不确定能不能做得到。确实，这不像扔掉一双不合脚的旧鞋那么简单。它看起来非常让人矛盾纠结，但事实上你和我在坚持自己的固有信念这一条上，反倒是不计任何成本和代价的，即使这些固有模式的存在，已经给我们带来明显的负面影响。

你正陷入一宗以保护为名的"骗局"

还有个问题，虽然那些自我设限的信念会阻碍我们，但同时你相信它们也有保护的作用，让你避免做些无效和失败的行为。再加上过往失败带来的痛苦教训，人很快就会钻进自我保护的硬壳里。

我曾经在研讨会里和成千上万名学员对话，清楚地看到，很多诸如"我要是对别人敞开了心扉就会被人拒绝"这样的想法，都是从小就形成了的。如果你从来都没受过这些的困扰，那么你绝对是一个幸运的人。如果你被困扰了，就让我们一起来看看，这些限制性的信念，都是怎么样一次次掩护着你逃跑的。

很简单，如果你是女士，你可以展现你的羞涩；如果你是男士，你可以保持沉默不语。总之这些都可以成为非常好的、保留自己真实想法的掩护。因为这样，你很难和其他人建立起好的关系，一旦触碰到敏感地带也会特别容易受伤。于是，那个"壳"对你来说，会看上去越来越"安全"，当你在里面待久了，更加不愿出来。一次又一次之后，就变成了一个自欺欺人的局面，或者成了一场游戏。在这场游戏里，你的行为在强化着你的信念，而你的信念反过来又在强化着你的行为，于是就形成了恶性循环，让你离理想的实现越来越远。

当然了，你我都不是笨蛋。我们让信念替我们做主的前提是，我们判断到它们多多少少能对我们有好处。有的时候，很多人都会坚信，就算眼前因为跨不过去这道坎而走不到阳光灿烂的花园，但总比掉进深渊里要好。只是你可能要对深渊的定义本身，重新做一番审视。

最后举一个好懂的例子，来结束我们这一段交谈：

一个只有150厘米高的男人，他几乎认定了永远不会有女人喜欢他，永远不会得到真爱。正是因为被这个想法遮蔽了双眼，他从来就看不到原来世界上还是有一些女性会喜欢个子不高的男人的，只是因为他的其他光芒被孤独感和自怜自卑给掩盖了而已。那为什么还要继续闭着眼呢？很简单，因为黑暗正在保护着他，这样至少能确保不再受拒绝。对这个男人来说，这些有可能发生的拒绝，比起现在正忍受着的孤独和痛苦更加可怕。

在举这个例子的时候，我多么希望有人能拍拍他的肩膀，告诉他，真正的深渊，其实在他闭眼的黑暗里。

蜗居在壳里的人：

— 看上去舒适安全，实际上冒着最大的人生风险；
— 认准了安全比追求想要得到的东西更重要。

风和大地的孩子：

— 勇于冒险，拒绝"温柔乡"，主动跨出习惯地带；
— 无畏于挑战和推翻固有的局限性信念。

11

世上最常见的自我设限——我还不够

"一个人如果能充分领会到该怎么享受生命,真的是一种恩赐和天赋!
我们拼命在外面寻找,是因为还不理解内在的自己;
我们想去更广阔的世界,是因为始终没发现内在的宇宙。"
——法国作家 蒙田(Montaigne)
Of Experience

人类凭借高度进化的智力,织出了一套又一套限制住了自我的"规则和信念",乍一看,竟很合理地解释着生命里发生的种种事件,并在这个过程中不断加深和强化。在我看来,这样利用我们的天赋,实在是太浪费了!看看我们都创造出了哪些信念和理由:"做人就是这么苦"、"我天生就是这个样子"、"男人总比女人优秀"、"女人总比男人好"、"我太胖了"、"我太瘦小"……还有千千万万个诸如此类的说法。总之,对生命里发生的每件事,我们都可以有一套解释。

上一节内容里我们已经聊到,除非是个绝对的幸运儿,否则在成长过程中一定会或多或少地接收到这样的信息——"你这个人很有问题"。结果无论我们如何努力,在学业上、运动场上、财富榜中,始终都得不了满分。这份欠缺感来自内心那个不绝于耳的声音——"我还不够":

- 我没什么太大的价值;
- 我是一个失败者;
- 我不值得拥有最好的;
- 我不够可爱;

— 我做不到，因为我不够有创意；

— 我做不到，因为我胆子太小；

— 我做不到，因为我不够坚强进取；

— 我现在还太年轻；

— 我已经太老了……

这张清单最起码可以列出十页，我想你明白我的意思。在自我限定这一点上，人类向来不缺创造力。另外可以确信的一点就是，人一旦陷在这些自我否定的消极循环中是找不到出口的，唯一能见到光的方式，就是砍掉那些遮挡你视线的"我这也不行，那也不够"的枝枝桠桠。借着光，才有可能进一步看到自己与生俱来的独特天赋，明白无论是对自身、家人、朋友、同事还是其他身边的人来说，你其实都是一份礼物。

火车跑在轨道上

"一位司机唱他的歌给我听，相当冗长而且他唱了两遍。

我被闷坏了，于是请司机唱点别的。

他说他花了好长时间好不容易才唱成这样。"

——安妮·狄勒德（Annie Dillard）

《写作生活》（*The Writing Life*）

人都不笨，当生活出现问题或稍有不对劲的时候，就能在第一时间感觉到。也正因为这样，所以才生出了埋怨。有时哪怕我们意识到了问题的严重或紧迫性，也还是不愿轻易改变"舒适的现状"。比如，想要苗条一些，但最好不要节食或锻炼；希望事业有成，但不想尝试任何有失败可能的路；希望和伴侣做一对神仙眷侣，但又怕全情投入后会受伤。人的其中一个局限性就是会想要逃避压力、工作甚至改变本身，有时甚至会奢望不改变发心就能改善行为，不采取行动就能拿到结果。

人生当然不能这样玩转，如今的成就都是几代人不遗余力创造而来的。有个规律一定要强调和提醒到位：如果只是重复之前的方法，那就一定只能做到和之前一样的成绩。

火车的方向，永远是轨道决定的。这道理如此简单，却总被我们忽略。

听一听身边的故事

"我树立自身价值；我选择尊敬自己；我为存在的权利而战！"
——美国心理治疗师及作家
纳撒尼尔·布兰登（Nathaniel Brande）
《自尊的六大支柱》（The Six Pillars of Self-Esteem）

生活中有血有肉的例子，总能引发更深的共鸣。

我有一位学员，化名暂且叫Scott。他有着比常人更精彩的过去，曾是一位作家、旅行家、探险家。在这之前，我征求他的同意，看是否能把他在研讨会期间的体验做例子供读者分享。他说："Robert，要还原就彻底些吧！你说好不好？"他那伦敦东部的口音特别明显。于是就有了这篇他亲自执笔的自白：（以下文字均由Scott亲笔写下）

少数人只需付出很小的代价就能悟懂人生；还有少数人非要经历彻头彻尾的大清洗，才能开始学习；大部分人所处的生活像慢性病一样，没那么痛，下药的剂量也小，或者用酒精就可以麻木和逃避。而我，属于被大卸八块的那一类。也有很多人问我，为什么那么多有天赋也受到尊崇的人，会走上自我摧毁的不归路，落个精神崩溃、险些命丧医院的下场？能被这样问，说明我已被看成了"天赋和尊崇"的其中一个，想来也是"荣幸"。但我确实从来没想过这个问题。

当然，这是个好问题，我的医生曾给过我答案，只是当时对我没起到任何作用。当他说我"自我价值感极低"，并有"自我憎恨情结"时，我根本没听进去，甚至不知道他在说什么。他很认真地给出这个诊断的时候，我们正在一家高档私人会所里共进午餐。"你看看周围。"他补充说，"我可以透露，在这会所里有不少名人都来找过我诊治跟你一样的病，如果我能告诉你他们的名字，估计你都不会相信。缠绕着你的问题同样缠扰着他们，你们都永远觉得自己不够好、不够完美，所以在工作上更极致燃烧，盼着更大收成。那些股东一定爱死你们了，但这并不代表你们会喜欢自己。"

非要说的话，我的确有千万个理由来恨自己。因为我15岁就辍学了，没踏进过大学的校门，花了整整10年时间在世界各地流浪。我甚至觉得自己是个骗子，没有学历竟然开公司，还为当地出名的报纸写文章，组织成功的人去全世界冒险。和他们的成功富有相比，我看上去更像个废物。当然还不只这些，我还像个花花公子一样到处嗅各式各样的女人，但没一个让我满意，所以我经常换伴侣，想借此来保持新鲜感，但也没得逞。我感到自己是个彻头彻尾的混蛋。只是想不通为什么会这样……

直到在一次的进阶课里，我发现了不断盘问自己"为什么"会有这样的感受其实并不重要。我在训练中经常听到，一个人先要弄明白"这是什么"，下一步告诉自己"那样又如何"，再就是"现在该怎样"。但恰恰是在这个过程里，我反倒清晰看到了自己过去一切表现的源头。

那是一个关于回忆父母的练习环节，导师要我们站起来模仿印象中自己父母的动作、情绪和姿态，尽量把我们心底里对父母的记忆都掏出来。当时我很投入地模仿着父亲，直到我突然从座位上跳起来，大声呵斥并高举双手，作势想要打人……是的，就是这样！现在我都想起来了，我的成长就是在这样一个充满暴力威胁的环境中。

当时仍是小孩子的我，潜意识中已经作了一个判断，并对此深信不疑——连我的亲生爸爸都经常威胁要打我，那我一定是个没有价值的坏孩子。

这样的念头一直跟着我长大，说起来这些精神上的伤口，一直埋在体内，从来没检查过更别说治疗了。而且后来好多年，我都无意识地在收集能证明自己不够好的证据，好让我越来越恨自己。甚至为了证明自己是对的，我选择做一个写作人，在和那些像莎士比亚、爱因斯坦般的天才大师的比较中，挤出自己的平庸嘴脸。

你问我恨不恨我父亲？不。其实他所做的，也正是他在成长的时候从他父母那里学来的。在成为一个父亲的路上，他懂的就只有这些，如果他知道怎样可以做得更好，我想他一定会做。

当光照亮了积了厚厚灰尘的角落并打扫干净后，我开始去爱和欣赏自己了，就如John Denver歌里唱的，去欣赏"你这天赐的礼物"。不再自毁和自轻，不再留恋在异性的追逐中，因为我已深深领悟到，不需要从别人身上寻找生命的满足和意义。我心里非常清楚，这些改变不是一朝一夕就出现的，我至今仍在努力中，也希望把这份宝贵的体悟延续到我的孩子和更久远的一代。

——Scott 亲笔叙述

纵身一跃之后

"有个声音说：到悬崖边上来；人们不敢，因为害怕深渊。
这个声音再次响起：来吧，到悬崖边上来；
人们探了过去，只感到被一双手轻轻一推，于是所有人都飞了起来……"
——法国诗人 纪尧姆·阿波利奈尔（Guillaume Apollinaire）

待在"舒适领域"，意味着远离悬崖，远离心中的恐惧和缺失。我们每个人都住在一个四四方方的盒子里，脚下有底，头上有顶，四面有墙。当然这些都不是有形的边界，而是我们在成长过程中，一点点给自己编织起的对于社会、文化、环境、童年以及人生各种经历的看法、感受和假设。正是这些限制性的信念一砖一瓦地筑起了困住我们的"盒子"。每个盒子都是私人定制的，看不见摸不着，但切切实实地在区隔并影响着我们的生活。

顾名思义，"舒适领域"就是对生活更安全、更有预见性的一种期待。但法国作家安德烈·纪德（Andre Gide）说的一句话，能足够引起我们的思考：如果一直在原来的岸边徘徊，怎能发现全新的大陆和世界？

事实上，对于我们绝大多数人来说，且不论舒适领域给生活带来的影响，在同一个地方待久了，人类喜新厌旧的基因，都会让一切开始变得无聊，所以到了某一个阶段，我们往往会想要做出改变。这种改变可以是接触全新的事物，也可以只是加点调料，让生活变得更有意思。问题是，有些所谓的改变，就像是之前提到过的那个同事的朋友，只是把家具稍微挪动了位置，家具还是一样的家具，他本人也还在同一个盒子里。更糟糕的是，如果我们在此之前没对态度做一个彻底的基因重组，那么，诸如换份工作，找个新男女朋友的变化，只是在即将沉没的泰坦尼克号上逃向不同的甲板而已——不管走到哪一层，脚下这艘承载着所有人性命的船，正一点点被拽向大海的深渊！

每个人都会想要走出盒子，那问题来了，怎么走出盒子的说明书恰恰贴在盒子的外头。在不知道下一步会是什么的时候，要跳出现有的看法，涉足新的体验，就像是在信仰上的一次飞跃。这意味着，要在还不确定自己是否能达到目标并安全着陆的时候，纵身一跃！向未知的天空起飞，是人类并不擅长的事。而事实上，对未知、失控、出丑，甚至是死亡的恐惧（不一定是肉体消亡，也可能是精神上的一次巨大打击和颠覆），恰恰是我们在继续前行和进化的路上不得不面临的挑战和必经的过程。

讲个非常典型的例子。据说美国著名歌手芭芭拉·史翠珊（Barbra Streisand），她始终无法跨越做现场演唱会这道坎。20年来她因此拒绝了多次足以让她赚得盆满钵满的机会。这个看似无形的障碍，结结实实地拦腰挡住了她前行的路。直到1995年，她才克服了恐惧站上现场演唱会的舞台，也因此留下了一场有史以来最让人难忘的精彩表演。回想过去，她意识到了自己花了太多时间和恐惧纠缠。她说："我很害怕。这种害怕太真实太强大了，哪怕事情还没真正发生，光想象就有巨大压力和不适！当时我正面临两个选择：是不想触碰而却步？还是逼自己主动去适应挑战？后来我豁出去了，难道要一辈子原地踏步吗？"

从这句话里可以感受得到，她已经碰到了无形天花板带来的禁锢感，作为已拥有数百万追随者的明星，名利这些已经不是最缺的东西，而是内在的强烈对峙让原本的"舒适领域"变得不再舒适，甚至不舒服到了比"冒险"更让人难以接受的程度。

这个决定对她来说无疑是意义重大的，和其他人生中同样关键的抉择一样，经历一段时间的挣扎纠结后，在某一个瞬间尘埃落定、豁然开朗。只是遗憾的是，胶着太久消耗太多，这个担忧足足困扰了她20年！看来要在意念上突围绝对不是一件简单的事，需要彻底从"万一我失败了怎么办"的犹豫不安，到"梦想和目标比什么都重要"的坚定不移。

当然，当时还有一股重要的外力和契机促使她做出决定。那就是要为她心系的艾滋病治疗慈善机构做宣传，围绕这件事的时间精力金钱投注，占据了她的所有念想，焦点全然在此，并付诸行动、绽放艺术才华和号召力。在更大的愿景、价值和使命面前，原本那点恐惧自然微不足道。

变得"不可理喻"

再来说说扣在我们身上的盒子。爬出盒子，不排除会面对风险的可能性，但人生最丰厚的奖励，也只有在那里。作家比顿塞西尔（Cecil Beaton，同时也是时尚摄影师，一生中拍摄了大量名人肖像，包括奥黛丽·赫本、玛丽莲·梦露、香奈儿夫人、伊丽莎白女皇等）说过："要敢、敢与众不同、敢不切实际、敢于守卫梦想的完整、敢于拒绝做平庸的生物和奴隶！"

是的，必要的时候要"一反常态"；当社会要求要"合理合规"的时候，总有一些人会挑战既定规则、另辟蹊径。有一天，当我们看清和领悟了自己真正要的东西之后，终于决定攒足力量纵身一跃——依然会面对未知，依然会心有悸动，但你拥有的是盒子外的整片天空！

"这是人生至深的喜悦：以一个强者的姿态运筹未来；将自己精雕细琢成为珍贵的宝石；永远有一股自然生长的力量，不受自私、抱怨、消极的病害侵蚀。"

这段话是诺贝尔文学奖获得者萧伯纳（George Bernard Shaw）在《人与超人》（*Man and Superman*）中的经典诠释。另外，他写道："人生在我看来，绝对不是熬不到晨宵的蜡烛，而是紧握在手中的熊熊燃烧的火炬。在将火炬继续传给下一代之前，定会尽我所能使其闪耀。"

有个拉丁文词语叫"Carpe Diem"，意思是抓住今天、乐活当下。所有关于怎么走出盒子的概念上的东西，在你真正听到自身价值的召唤并愿意为之破除自我设限之前，都是假的，毫无价值。

禁锢在盒子里的人：

— 深信自己"还不够"、"不值得"；
— 指望不付任何代价、毫无痛苦就能得到改变。

向天空纵身起跳的人：

— 和过去彻底清算，扫除一切自我设限的旧模式；
— 认识到自己是与众不同的存在；
— "Carpe Diem"，抓住今天、乐活当下。

12

换挡到中立状态

"当一个人把自己当成真知的法官时，他将被上帝的嘲笑无情
毁灭。"

——伟大的科学家　爱因斯坦（Albert Einstein）

浓缩着来看，人生是由一个个点上的经历和体验构成的。当一个
人足够有觉察力，到了一定的阶段，他就会发现一个根本性的真理或事
实——人生是中立的，既不积极也不消极，也无所谓好与坏。

澳大利亚网球名将罗德·拉沃尔（Rod Laver），在一次接受采访时
被问到，为什么他能保持那么多场连胜，即使是在千钧一发的失败边
缘？他的回答非常质朴却又富有哲理："我始终保持同一种心态在击球，
我知道球是没有思想的，它们并不知道眼下的比分。"没错，球是中立
的，它们不关心结果，更不会在紧张的对局过程中感到压力，但运动员
会。所谓优秀运动员和顶级运动员之间的差距，就在于当他们面临高压
时所秉持的心态。

当然你会说，人生不像打球那么简单，从来就没有所谓的中立和公
正，总是有时好有时坏，有对也有错，有人幸运也有人不幸。事实上，
我们对人生含义的认知并没想象中那样清楚。大多数时候，每个人理解
中的世界，都是被各自价值观和信念组成的"滤光镜"渲染过了的。

当我在写这段话的时候，经常会停下来看窗外宏伟秀丽的落基山
脉。我看得很出神，眼前这幅岿然不动的景象，让我进一步领悟到了人

生中的每件事，既不是对的也不是错的，不是好的也不是坏的，而是完全的中立，一切关乎我怎么"翻译"，怎么判断所处的环境。为了把这种"滤光镜"现象向学员解释得更清楚，我通常会问两个问题：第一，你是否曾去过一些照理说会非常有趣的地方，比如某个派对或迪斯尼乐园，但你却过得很郁闷？第二，你是否曾经做过相当无聊和烦闷的事，比如洗碗或在大冬天爬起来去工作，但你却仍然能做到乐在其中？答案总是不变，大多数人都会回答"是"。往往我会接着表明观点：很明显不是事件和环境本身带来了所谓的快乐和悲伤，而是关于你自身！

再深入举例的话，我会请小组里某位志愿者到台前来现场演示。我对这位志愿者说，假如你我同在一个户外草坪派对，你之前从没见过我，突然我跑过来在你背上狠狠扇了一下，就像这样（我真的下手了，狠稳有力），你会有什么反应？一般人都会非常生气或吃惊，因为你凭什么这样拍我？但你们知道我会怎么回答吗？"小伙子，我刚拍死了一只想要咬你的大黄蜂（黄蜂咬起人非常痛），现在你不要担心了。"听到这里，人们往往会立刻心生感谢。

我想要表达的观点很简单，简单到谁都能懂，不需过多解释。所以请记住，不要让事件本身来决定我们的态度和观点，而看我们怎么翻译和解读，所有事件和存在都是中立的。至亲的离去是中立的，恐怖爆炸袭击的发生也是中立的，叛逆期的孩子每天喝醉晚回家也是中立的，这些中立事件所带来的不中立的感受和应激都源自于你的"过滤"。

勿把人生"戏剧化"

美国著名访谈节目主持人劳拉·施莱辛格（Laura Schlessinger），同时也是位资深心理咨询师。30年来，劳拉博士每天主持3小时电台节目，倾听无数人的生活抱怨和困境。她对听众有着强烈的责任心和道德感，因此有时也会相当犀利和直击要害，她会快速高效、直截了当地解剖并化解听众电话里诉说的种种"戏剧情节"。

人在潜意识里会陷进戏剧化演绎生活带来的种种"好处"里。比如一次绵长又无需得出结论的倾吐带来的暂时性麻痹和满足；比如以嬉笑调侃的方式来巧妙回避直面事情的本来面貌；又比如通过夸大事情来给无趣的人生增加跌宕起伏的快感。总而言之，很多时候我们都会以这种方式避开事情真相，偶尔也会把别人带进扭曲的追求里。跳出来吧！长此以往，你会失去应有的分辨能力和宝贵的冷静积极。

也勿让人生被"不安"绑架

你有没有碰到过约了人快迟到了，但又偏偏堵在路上的情况？这件事是不是很让人抓狂？错了，它就是个堵车，是再寻常不过的一件事。堵车本身没有任何情绪色彩，是你本人决定了是要火急火燎难以自耐，还是趁机放松和休息。是的，我再次重申，选择权在你的手里。你可以选择如坐针毡，也可以打开收音机听音乐。紧张改变不了任何事情，只会让一整天都被紧紧箍住。

我记得有一次在银行里排长队处理财务上的紧急状况，排着排着，我意识到了自己慢慢开始变得不耐烦。同时我看了看身边其他人——有人早就很生气了，有人无聊到发呆，也有一个小伙子戴着耳机轻打着节奏，看上去挺惬意。看到这幅画面，我再一次在生活的大教室里学了一课。不管有意无意，不同的人正选择以不同的方式面对同一个情境。

排队本身是中立的，这只是个很小的例子，在生活中的其他例子里，两种截然不同的态度带来的结果也天壤之别。挣扎反抗，还是接纳面对？人往往会因为世界拒绝以我们想要的方式呈现，于是就活在持续的烦躁里。请留意到你个人的评判，摘下情绪的有色眼镜，让事实只是事实，这将会带给你前所未有的舒展。我们怎么想仅仅只是各自的演绎，我们待着的房子不关心，堵在路上的车子不关心，银行排起的长队不关心。一旦把自己切换到中立客观的频道，就有了体会到知足生活的可能性，不再被情绪轻易绑架。

古希腊斯多葛学派哲学家埃皮克提图（Epictetus）早在公元前一世纪就说过：人不是因为发生了什么事被干扰，而是他们对事件的态度。为什么要把原本可以快乐喜悦的人生，交给你根本控制不了的客观事件呢？

活在戏剧性里的人：

— 让"状况"主宰人生；
— 享受在"戏剧性"里，借此求得关注；
— 持续被压力和不安笼罩。

客观看待生活的人：

— 看到的都是中立的，合理地解读人生百态；
— 避开给自己制造幻想，也远离那些沉溺其中的人；
— 在任何状态任何时候都自主选择如何面对。

13

所谓心态，并非老生常谈

"对我而言，心态远比事实更重要，比过去所经历的教育、赚来的钱、所处的环境、失败和成功本身，甚至比别人怎么想怎么说怎么做都更重要。如果还要继续往下类比，它还比外表重要，比天赋重要，比技能重要。它强大到能颠覆一个家庭、一家企业，甚至一个民族！我相信我的人生就是10%的事实加上另外90%的对事实的反应。你也是一样。"

——查尔斯·斯温德尔（Charles Swindell）

我们人类对任何大小事物都会生出属于自己的信念、态度、观点和判断。大多数信念是那样理所当然，所以我们根本没有足够意识到它们是怎么在不知不觉中决定着人生轨迹的。其中一个能创造人生更多可能性的关键，就是我们能认识到这些观念上的预判和过滤，是可以影响甚至决定人生结果的。一直伴随着我们的态度、观点、信念和判断，简单讲，也只是"态度、观点、信念和判断"而已，他们并不是宇宙真理。

最近几个章节频繁提到的"过滤"，是我们对自身、身边人乃至世界，基于既有的经验所做出的判断。一旦启动，这些"滤光镜"就会自动且快速转变成我们所面临的事实景象。有个说法叫做"看见即是相信"，意思是，如果不是我亲眼所见，我不会相信。事实上，人类大脑的实际运作是一套完全相反的程序。更为准确的说法应该是——"要是我心里不这么认为，就不会看到眼前的景象"。因为我们的大脑不会像照相机捕捉画面一样100%如实记录成像，人类大脑是有选择性的，它只会"看"到它想看到的，也就是那些能被一个萝卜一个坑地装进意识中既定清单的部分。这一点，在那些从小失明但长大后忽然重见光明的人身上，能得到最透彻的体现。虽然他们能"看见"了，但还像在黑暗中一样，对形状和颜色模糊不解，甚至比之前的认知更混乱。因为眼睛这个器官虽然治好了，但大脑还没跟上视觉。从小到大，大脑中从来没有过类似的目录，能匹配如今眼前看到的这陌生世界里的一切。所以结果就是，一直以来梦寐以求的光明体验，反而在此刻变得让人更加不安和迷失。更有甚者，宁可回到之前的失明状态下生活。

几乎每个人都是这样在运作的，我们只会看到符合自身对错观念的东西，但凡是相违背的，都一概忽略，或找到一个"合理"的解释，把它当做一种并不常见的例外来看待。可惜的是，大多数信念都只会限制住我们，使得人们渐渐失去"看"的能力，错过太多潜在的可能性。所以，之前那句"看见即是相信"的说法，其实大错特错。从今天起，换个更有利于自我觉醒和发现的说法吧——"是我们所相信的一切，决定了我们看到的世界"……

"真相"是什么

安琪是位年近40岁的女士，最近刚离婚，长得相当有魅力。在和朋友一起去她家参加派对时，我又见到了她，只见书架上堆满了各种自我激励类的书。几年前她曾参加过我们的一次说明介绍会，印象中的她绝对是位成功人士。而那晚我再见到她的时候，她看上去满脸愤恨。

"你知道吗？罗伯特。"她冲我说，"我也想改变，所以把这些书都读完了，就是你看到的整栋墙的书。也有不少大师整天在我耳边讲要有责任心要有信任感这些个废话。对，我都照做了，够有担当也没骗过任何人，但你知道吗，这样的人在地球上几乎都绝种了！身边所有人都让我失望，他们都是骗子，说话从来不算数！所以我现在算是明白了，让这些人都见鬼去吧！他们不值得我再抱有任何幻想！我也根本不需要他们！"

　　这话够冲，我看着她笑："安琪啊，你看上去很生气，你倒是说说在气谁？"

　　"比如我前夫啊。"她说，"他背叛了我。还有合伙人，从我这偷了20万美金，再加上帮他脱罪的律师。连我亲妈也说前夫离开是我的错。我恨他们！"

　　"你恨的都是欺骗或背叛你的人，所以你冲着他们抱怨是没错。但你想要继续这样下去吗？继续这样因为过去别人的背叛而让现在和将来的自己遭罪？"我问。

　　"坦白讲，谁都不想。"她稍稍平静了些，"我也想清理干净，继续过日子。这两年来，有种被困在同一个地方的感觉。"

　　"安琪，你能这样讲我很高兴。"我顺着她的话往下说，"但真想走出来，是需要彻底放下一些你一直死死抱着的念头的。知道是什么吗？"

　　她停顿了一小会儿后开了口："你是不是想说，不能再把一切都归结为别人的错，还相信自己是对的。是吗？"她的回答，再次证明了其实大多数人都不糊涂，能看到是什么在阻止他们往前走。

　　"你把我想说的给说出来了。你确实在抱怨身边不能满足你要求的人。其实这些年来发生的事就是在向你发出提醒，只是你完全没听到。现在再回头看看，你丈夫离开了，合作伙伴背叛了，其实这些都不是无缘无故发生在你身上的意外。说句你不爱听的，都是你间接直接造成的。你在我眼里一直都是非常有才华又自立自强的女性，甚至自强到能把每个人都从你身边推开，然后一个人和全世界对峙。"我接着往下说，"也不是你一个人会无意识地这样做，其他人也会一个不小心就亲手造了一个臆想中的世界。不幸的是，你的字典里都是些对别人背叛的提防，说明你还在继续死守你是对的。是时候看看你已经为这个念头付出的代价了。"

"这一点，你说对了……"她说着说着眼泪开始打转，完全忘了家里正在开派对。

"你还愿听我讲更难接受的话吗？"我不想放过这个能帮到她的机会而追问，"为了证明自己是对的，你彻底从原本的世界里抽离了出来，就是这份隔离，阻碍了你找到一份好感情。同时你把动力也丢掉了，还很傻地把主动权交给了那些你嘴上说不想与之为伍的叛徒手里，完全是让他们过去给你造成的阴影在主宰你的人生！"

说到这，我看她不吭声，就继续讲："当然，生活是你的。你完全有权力选择怎么过，还可以像以前那样不放过那些能证明你看法的蛛丝马迹，继续在孤岛上和别人对立。不排除你还会碰到一个背叛你的合伙人，还会和不忠的男人结婚，然后你就会更加和自己讲——你是对的。一个人，要是始终活在过去的模式里出不来，是不可能有任何改变的。难道，你真想这样继续下去吗？"

"当然不想……"她开始柔软下来。

"那么好，最起码你要告诉自己，脱掉受害者的帽子，看到继续指责别人埋怨过去是没有意义的！你可能已经认识到了，这些向外的指责，其实恰恰是为了逃避看自己。因为只要前面有前夫和合伙人挡着，就不需要那么直接地面对自己；一旦面对了，你本身需要承担的责任和真相就会冒出来……"

"看到真相，可能会更痛苦，更难以接受吧……"她像是在自言自语。

"但和你这么多年的压抑比起来，哪个更痛？"我一定要帮她再往深走一步，"就算面对自己会更难受一些，一旦你坦然了，要不了多久，看开了，痛苦就自然不见了。但如果你继续像个受害者一样一肚子牢骚，这个疤就会永远好不了。如果你不想那样，那么，必要的代价和冒险，还是需要面对的。"

几天之后，我给安琪发了封传真，上面摘抄了一小段盲聋励志女作家海伦·凯勒（Hellen Keller）在《让我们心怀信仰》（*Let Us Have Faith*）中的话：

"所谓的安全感，是毫无根据的迷信，在这个世上并不存在，自然界里没有，人类社会也没有。有意避开危险从长远来看，并不比完全暴露要来得更安全。人生本来就是一场需要勇气的冒险！让我们主动拥抱变化，像自由的灵魂一样活成一股坚不可摧的力量！"

蝙蝠、昆虫和鸟眼中的世界

如果你看到这里，已经开始在思考认知和真实世界之间的关系，这自然是件好事。但也不妨先停一停，因为事情马上会变得更有意思。

在理查德·吉利特（Richard Gillett）的《意念转动世界》（*Change Your Mind, Change Your World*）一书中，他从纯科学的角度来看人类认知和现实真相之间的关系。他指出人类不只是自带"滤光镜"而已，同时在我们和现实之间还有四重幕布——感官的扭曲、语言的误解、固有的偏见，以及从过去经验中得到的一概而论。然后他继续解释：

"这个世界上根本就不存在看到真相这个说法。因为我们身体各个感官和大脑机能本身就是高度选择性的。比如说，人类肉眼所能看到的可见光只是整个电磁波谱的很小一部分；而其他生物因为有着不同的基因编码，它们眼中看到的世界截然不同。据说金鱼可以穿过水缸看到遥控器的红外线，这样一来，如果说它们想在晚上入室盗窃的话，完全能躲过红外线报警器布下的天罗地网。再说说苍蝇，它们的复眼特异功能可获得比人眼分辨率高得多的运动视觉信息，1秒钟内可区分300频次的不同画面。也就是说，叮在墙上的被嗤之以鼻的苍蝇都比我们看到的世界要更清晰和完整。所以人们常说，真相永远都在旁观者的眼中，很有道理。"

吉利特还继续将人类感官和其他生物相比较，比如螃蟹、蜘蛛、蝙蝠、鸟类、昆虫，甚至大象。当我们说到世界的真实样子时，往往其他生物看到的都要比人类更清楚。即使论其他的感觉，我们也远远落在生物排行榜后面。

当然最终说起来，我们单凭一点绝对优势，就拥有了"万物之灵"的无上地位。不管科学家怎么感慨人类感官的迟钝，对我们而言，也是世界影像的唯一来源；同时也只有我们能享受到其他生物无法感知的快乐——心境。但同时也需要记住，不同颜色的心态"滤光镜"会呈现我们对自身和世界完全不同的看法，从而推向不同的人生结果。

盲视或戴着有色眼镜的人：

— 看不到世界是经由他们自身的信念所构成的；
— 无止境地指责一切能指责的任何事。

拨开迷雾看真相的人：

— 承认正是他们亲手创造了所有体验和认知；
— 毅然选择那些能让人生路走更远更宽的积极心态。

第三章

责任

厚重担当背后的自在轻盈

14

选择的权杖，要还是不要？

"自由的真正意义，在于其选择的能力。"

——社会活动家　西蒙娜·韦伊（Simone Weil）

人类的自由和选择是否真的存在？我们真的是生命这本书的原创者吗？还是说，选择只是一个美好的幻象，我们只是看上去在选择做什么和去哪里而已。难道真相是所有的行为、感受，甚至思想都无不受到环境的塑造和控制？一件接着一件发生的故事，正机械地照着脚本往前推进？就像多米诺骨牌一样，如此精准相连，触发一点，就会满盘颠覆。又或者一切事物的发生都被一股冥冥之中的力量事先编排？包括你现在、此刻，正好捧起手中这本书……当然，刚才提到的所有也说不定就是我们自由意志推动的结果。

关于自由意志这个问题，古往今来的哲学家们已经辩论了好几个世纪，我并不打算加入这场舌战。因为我相信，所有仅停留在学术理论层面的争论，对人生来说，都只是一场高智商的游戏。唇枪舌剑固然精彩，可不能改变任何人生的本质问题。在真实世界里，即使学术和技术层面的论证多么严丝合缝、无懈可击，它们对我们的生命也起不到足够的影响。

"选择"这事也是一样。自由意志和事件预设这两种相反的观念，都有其权威性的论据。但还是那句话，无论对错正反，我们这本书探讨的范畴和标准只有一个，那就是看它能否改善人生。

所以，让我们用一个不同的角度来展开这个问题。首先请自问：什么样的生活会使你感到更有力量、更自由和有更高的自我价值？怎样的状态才能激发你创造的动力？反过来，怎么样的状态会让你觉得被动无奈？像是沦为棋子或筹码？你更想要哪一种感受？

再次提醒，我们正在谈的话题不在学术范畴内。请留意你真实的回答，它们将切实改变今后你面对每个当下的心态：如果我相信自己在自主选择的状态下生活着，就会涌现出力量感，这股力量是由充足的自尊以及愿意主导人生的自信汇成的；如果我选择相信宿命，那么，在宿命面前人类的无助感和无力感就会随之而来。这两种不同信念带来的感受和结果，会明显不同。前者将自发地激励你去汲取更充沛的活力，后者会让人持续流失能量变得听天由命。如果你愿意听我的建议，我一定更希望每个人都能感受到充满力量的自己。

15

真的是"不得不做"吗？

"事实上所有人类的痛苦和一系列的情绪焦虑都需摒弃，更别说那还是不道德的；因为当你浑身散发负能量的时候，就是对你自己最大的不公平。"

——美国心理学家 阿尔伯特·艾利斯（Albert Ellis）

我们每天都要面对生活中的太多事情，而且很多事都是"不得不做"——我不得不早起，不得不把孩子送去幼儿园，不得不在高峰期挤公交，不得不上班，不得不开会，不得不做一些老板交给我的事，不得不对那些我不喜欢的人强颜欢笑……那好，既然有那么多"不得不"，就让我们来聊聊这三个字。

回忆一下，当你心里想着"我不得不做这件事"的时候，你是什么感觉？我可以在书里给你留下空白栏，帮助你来回忆：

－ 我不得不上班，所以当上班时，我觉得_____（压力？沉重？）

－ 我不得不把孩子送到托儿所，当时我感到_____（无奈？内疚？担心？）

－ 我不得不工作结束后还要回家做饭打扫，我感到_____（烦心？疲劳？）

在空格里填的基本都会是负面的形容词，因为对我们来说，"不得不做"的事就意味着没有选择权，长时间被动累积，必然产生负面情绪。如果你平时会留意在飞机上、地铁中那些上班出差途中人们的表情，就会发现大家的脸上写满了疲惫、无奈、烦躁。因为大部分人的心里都在默念"我不得不去上班"、"我不得不出差"、"我不得不向现实妥协"。

可是，生命中真有那么多"不得不做"的事吗？我们难道就完全没有选择的权利？表面看来好像是这样的，但事实情况呢？"不得不"和"我选择"的区别到底在哪里？要回答这个问题不难，让我们来做个简单的练习，亲身验证下真实感受。

先从日常生活里找到一件你"不得不做"的事。比如我们都会碰到的"我不得不去上班"，把这句话写在白纸上：

我不得不去上班。

看上去是挺憋屈，但请问如果你不去上班，下一步的直接结果会是什么？注意，这就是整个练习的核心，就是要沿着你不得不做的这件事一层层往下推，看如果我们不这样做的话会造成什么样的直接后果。这个后果必须紧跟着我们在谈论的同一件事，必须合乎现实，直到你挖到所能承受的最底层。

让我们来看看是否去上班背后可能隐含的一连串结果：

— 如果我不去上班，就会丢掉这份工作；
— 如果我失去了工作，就没有足够的钱来买需要的东西；
— 如果我没有钱，我就要向家人朋友借；
— 如果我向亲友借钱，我就会感觉自己很失败；
— 如果我感觉很失败，就会觉得自己很没有价值；
— 如果我觉得自己没有价值，那么我会非常沮丧；
— 如果我沮丧到一定程度，我会觉得人活着没有意义……

好了，够了。假设失去人生的意义是你所能承受的最底线。那这个时候，自然而然地，你脑中就会浮现这样一句话：

所以，我选择去上班！

这个练习告诉了我们什么？请留意，当你最初说"我不得不去上班"的时候，其实你假设自己是没有其他选择的。但在现实里，你到底有没有其他选择呢？当然有。这个练习就很清楚地告诉你，其实你是可以选择不去上班的。当然如果你这样做了，就很可能要应对一连串的负面结果，包括未知的改变、失去工作、缺钱、借钱，更不用说心里的不安全感和沮丧。所以实际上，去上班不仅仅是你的选择，而且是当时可以做出的最好的选择。当然你会说，要是中彩票就好了，被高薪看中就好了。是的，如果你足够幸运的话，只是在你眼下的实际生活中，这样的好运还没有出现。

驱走阴霾的神奇咒语

当我们把事情都贴上"不得不做"的标签时，想象一下结果会是什么样？就像前面空白栏里的例子一样，会出现一连串负面产物和感受，如愤恨、烦躁、不甘、伤心、冷漠、沮丧、幽怨、软弱、无奈……"不得不做"就像是一个黑洞，吸食动力、释放焦虑、产生不安。这个人类面临的共同"症状"曾一度引起制药界的关注，专家们雄心勃勃地想要研制出一款特效药，试图替代我们天然存在的"自我修复"能力。

鉴于人生是由点与点相连的各种经历串成的，所以链条中的任何一环被消极情绪污染了，都会不可避免地影响到前后的感受和心境。某一个点上的不舒服，往往会延伸到那之前和之后，长时间绑架我们的情绪，像梅雨天气一样，让心情发霉。

人类是不能长时间见不着阳光的，要怎么做才能驱散乌云，迎来晴天的透彻清亮呢？其实"咒语"很简单——假设你现在就遇到了一件让你不太情愿的事情，请你静下心来集中注意力，把条件反射一样冒出来的"不得不做"的念头紧紧握住，或者就把这件事写下来，然后拿笔果断划掉之前"不得不做"的说法，在边上清晰有力地写上"这是我的选择"。

我不是在忽悠你玩文字游戏，具体怎么展开和梳理的例子，在前面已经介绍过了。如果有需要，可以在平时的生活工作中多一些主动的有意识的练习和自我对话，直到成为习惯。当然你也可以拒绝尝试，因为那也是你的其中一个选择。

假如你认真看了前面的例子，而且读到这里的时候已经完全明白了这样做的奥妙，那就请勇敢地、有意识地从"不得不"的紧箍咒里跳出来！当你写下"这是我的选择"的那一刻，你能瞬间感觉到身后有一股力量在支撑你朝前走，你立刻会感觉到勇气和不断涌现的正面思考带来的灵感和可能性。这些都是当你沉溺在"不得不做"的被动情绪时绝对感受不到的。

16

主动或被动——没有第三种选择

"我一生下命就不好，从我会爬开始，就一直这样。厄运实在太强大，它占据了我的全部人生，没有半点空间能让好事发生。"

——布鲁斯歌手 艾伯特·金（Albert King）

《出生就很背》（*Born Under a Bad Sign*）

人所拥有的自由选择，和现实生活中的结果，到底有什么关联？在这个问题上，看似有很多不同的想象空间和剧本剧情，但事实上摆在每个人面前的路，只有两条：

第一条路上，你看到的所有事情都没得选择，所以会出现强烈的"被困"感，到处都是"不得不做"的事。一旦事情的进展或结果不尽如人意，就会埋怨其他人和运气差。在这条路上走下去，只会越来越成为一个"受害者"（关于这点，后续还会详细展开）。

另一条路和前面截然相反。一切都是可以自由选择的，包括发生的事情和你对事情的反应，都在你的掌控之中。这份掌控和自主性，是今后为生命担当起更多责任的必要基础（后续将展开谈更多）。

那么难道在这两个极端之间，就没有中间地带或第三种可能性了吗？难道就不能只是随波逐流？至少我个人认为这更像是一种悖论。而且，要想从实质上改变人生处境，我们就不得不明确地在这两者之间作出选择。

我唯一确定的答案

听我碎碎念了那么多，现在你可能会想：看上去主动的心态是能让事情变得好一些，但这就是"真理"吗？我要从你口中听到非常明确的答案才行！我要确定这不是在自欺欺人而已。

在我回答之前，先讲一个男人的故事。有个男人他花了大半辈子的时间游历八方寻找人生的意义。可以想象得到，整个过程他倾注了太大的投入和牺牲。直到最后，终于得到了跟一位隐居于喜马拉雅山腰的高人当面请教的机会。登山的过程使之前几年攒下的疲劳成倍累加，他几乎是耗尽了最后一口气才终于抵达。于是在他进门的一瞬间，就虔诚跪倒在大师面前，问："大师，请您一定要指点我！人生的意义到底是什么？"眼前的这位大师鹤发银须间散发着十足的智慧，沉思几分钟后，凝视着这个男人写满渴望的眼睛，轻轻地说："生命就是一条河。"

这个男人听到这里，一下子呆住了，等他反应过来的时候，心里沸腾起了怒火："我花了大半辈子找答案！还千辛万苦地来到这里，难道就是要听你说什么生命是一条河？！"大师被年轻人逼得腰板挺直后倾了几分，喃喃地说："那……又或许不是吧……。"

这个故事没有完整的情节，对结局的遐想也是开放性的。我举这个例子，是因为最后两人对视的那份微妙感和现在你提出的这个问题有些相似。如果你进一步追问，要一个明确的答案，我也会像那个大师一样回答。是的，我白纸黑字写在前面了，当你以主动选择的姿态面对生活时，人生就会出现转机。当然，也有可能不是这么回事，搞不好真有个神正在天上看着我们瞎折腾并偷着乐，搞不好每个呼吸、每个举手投足、每个念头、每一分钟每一秒钟都是被他规划好了的，甚至他还给我们种下了一种幻觉，让我们误以为自己能有选择。——谁知道？

只是有一点，我是可以确定并向你保证的——无论这一切是不是幻觉，以生命主人的姿态活着并主动规划未来要走的路，这本身就会让你充满力量！这股力量是助你披荆斩棘获得更多人生战绩的随身佩剑，而你在马背上骁勇善战的英姿，会感染到身边爱你或你爱的人，使他们也有所触动并有所不同。

再次强调，我看重的不是什么所谓的悬而未决的高深"真理"，而是一种务实、正面、积极的生活态度。要从深井里爬出来享受阳光和徜徉广阔的世界，就需要从主动做出每一个选择开始。

其实我们没表面上那么讨厌"受害"

人是不笨的。只是有时候我们会亲手推开那些明显有益处的事，这点倒谈不上是聪明。

上几节我们已经提到，人会不自觉地倾向于拿幻想中的可能性和手中攥着的实实在在的事实去比较而不自知，这就是造成生活里有那么多"不得不做"的事情的其中一个原因。还有另一个原因，就是当我们硬把"我选择做"拧成"不得不做"之后，其实是有潜在好处的。这些好处往往很诱人，诱人到我们甘心把自己丢进情绪垃圾堆里，越惨越好。

举个例子，我们约好了下周去享受惊险刺激的漂流之旅。但出发前一刻我告诉你，老板不批假，我必须要上班，去不了了。想象下当时我心里的感觉：先是失望，都计划好了的；然后是内疚和自责，因为我爽约了，害得其他人也去不成；再来就是抱怨，怪老板不解人情，所以即使是在工作的时候，我也一定会心不甘情不愿。总之，会不可避免地生出一堆负面情绪。

现在，拨开这些负面情绪蜘蛛网，看看里头会不会藏着一些潜在好处呢？答案是——当然有！

首先，其实我挺怕那些白花花的大水浪。一方面它们很吸引人，让人心动想去冒险，同时也让人害怕。现在好了，有台阶下了，在别人眼里和自己心目中，都不会难堪，我还是那个有着冒险精神的好汉，尽管我现在只是舒舒服服地在坐在家里的沙发上看电视。同时在老板眼里，我也再次塑造和强化了"不可或缺"的好员工形象，这种感觉也不赖。

注意了，以上这些都是在人们潜意识里发生的，本人往往不会察觉。大多数人都会这样，下班后坐在家里沙发上，手里握着遥控器，一边换台，一边嘀咕："为什么我的生活会这么沉闷，这么无聊，这么不自由？我明明想要去冒险，也做了准备，但还是摆脱不了现实的束缚……"

17

坐在篱笆上歇会儿

"痛苦是不可避免的，要不要受苦是可以选择的。"

——凯西·凯思琳（M. Kathleen Casey）

《如何走出抑郁》（*How to Heal Depression*）

很多书都会提到我们对自身的情绪负有全责，也有充裕的选择自由，就像在超市里挑领带。

这个说法听上去是轻描淡写了一些，同时也是真实的。我们完全有能力停下来并有意识地选择合适的情绪。你有没有过在高速路上突然被人超车且险些磕碰的经历？你完全有理由破口大骂，也可以叹一口气，继续开自己的车。从事情发生到我们做出反应之间，有足够的空间和时间来做选择。

很多时候看起来，就像我们不能选择自己的出生一样，真正能说了算的事似乎少之又少。只是事情发生了，然后我们条件反射地做出反应，仅此而已。其实没那么悲观，至少当事情引发的各种情绪快冲上头的时候，我们至少能选择怎么释放或者释放什么。这个和选择什么样的情绪本身比起来又不是一回事。选择如何表达，同样很有威力和价值。

举例，上司提拔了一位在你看来远不如你的同事。这个时候，如果你平时满脑子想的都是"世界太不公平"，那么这件事肯定会让你觉得愤恨和不甘；如果你是个本来就没什么自信且悲观的人，那你可能会更自暴自弃。先不管你是哪一类，一旦意识到了体内泛起的情绪，接下来的选择题就来了：你可以继续生闷气或自怨自艾，成为一只乖乖被情绪屠宰的小羔羊；也可以在这场和情绪的较量中胜出，赢回主动权；当然，在"篱笆"上先观坐一会儿，也不错。

听上去太简单了是吗？觉得情绪上来的时候没那么容易控制得了是吗？怎样才能做到呢？

亲爱的，别摧残你的日子和人生

有些观点可能会带来启发。我们对事件表现出来的伤心、生气等情绪都是很自然的反应。记得在前面的章节就曾聊过，事件本身没有好坏对错，纯粹中立，是额外添加的演绎和过滤，使其发酵。再加上人是社会性的动物，从小到大都在学习如何融入环境和文化，这也导致了我们理所当然地认为，在某些时候挥洒愤怒、悲伤，或心生妒忌，都是无可厚非的，因为身边所有人都认为这是很"自然"的反应。

其中一个能帮助你放下愤怒和悲伤的关键思考点，就是：记住，它们只属于你自己。从来就不是老板做了什么，让你不高兴，而是自身透过"滤光镜"看到的景象使你不安。一旦这种不安出现了，就一定是自己身上发生了某种化学反应，和别人无关。要是能探测到沉在情绪下的更深层次的东西，对解开情绪枷锁会更有帮助。

另一个化解负面情绪的关键思考是，看到我们"使用情绪"背后的目的。比如生气有时就是给别人看的，特别是向那些伤害欺骗了我们的人表达不满和惩戒。生气也可以作为一种控制他人的手段，吸引关注、获得同情、达到目的。这样讲可能把人形容得阴暗了些，但如果你愿意诚实地剖析自己，就会看到至少有一部分是真的。

来看看当别人对你表现出的任何情绪都无动于衷的时候，会怎么样？这个时候干着急或生闷气，都只是在折腾自己。比如要解决工作上的问题，方法有很多，既可以直接与上司沟通解开误解和矛盾，也可以索性找一份更适合自己的工作，换个全新的环境。任何选择都好过陷在负面情绪里不可自拔。就像情绪是自己的，最终影响的也只会是自己。

好，换个场景。想像你要出差，旅行社给你订好了机票，那天你心情特别好，早早就到了机场，留足了时间翻翻杂志做做准备。谁知道当你到柜台的时候才发现旅行社搞错了时间，飞机早已飞得没了影踪！一下子就气不打一处来是吗？其实在这样的情况下生气也是很自然的事。只是不管你怎么生气，飞机飞走了，已成客观事实。在客观中立的事实面前，生气或不生气，就纯粹是个人行为了。

这个时候做个对比，可能会看得更清楚。假设还有另外几个人，他们也遇上了同样的状况。因为每个人的"滤光镜"都不同，所以有人会觉得这件事很好笑，赶紧发微信朋友圈当段子使；有人会理性地想，这只是因为沟通不到位造成的结果而已，没什么大不了；甚至还会有人庆幸延误，好让他在等下一班飞机期间有更多时间做准备。

我有一位做特派记者的朋友，他经常全世界各地跑。他告诉我每当他遇上航班延误或取消，他都会特别留心这事发生之后带来了什么样的新机会。有意思的是，当他回顾盘点自己采访或记录过的贵人趣事时，他发现有很大一部分都是在各种交通延误中偶遇的。假如他在那时只顾发火和烦躁难耐，那么这些宝贵的缘分就会从身边悄悄溜走。

再来说说另一种常见的情绪——内疚。假如你是两个孩子的单身母亲，为了赚钱养家，在孩子们能独立照顾自己之后，你选择外出工作。这样一来，就只能在每天晚上和周末陪他们。有时最让你难受的就是，当你要出门上班的时候，孩子们就会哭着说："妈妈别走，今天不要上班好不好。"

请问那个当下你会感到很内疚，对吗？是的，这很正常也很"自然"。但如果你更理性地去看，就会明白其实你不必让内疚感折磨自己。因为你是为了赚更多钱，为了给孩子们提供更好的生活，同时让他们以你为榜样，为他们长大以后走向社会而储备积极的潜质。非但不用内疚，你还可以因为能兼顾工作家庭两不误而感到骄傲！

当然，当你的孩子想让你留在家里陪他们，而你不得不去工作的时候，你会和他们说对不起。接下来，我们就来说说"对不起"这三个字背后的含义。先起个头，回到刚才的情形，这个时候说抱歉和对不起的意义是什么？可能是为了一会儿出门做铺垫，可能是为了安慰自己和孩子，但实质上那是为能继续维持现状而找的借口和回避自己真实选择的障眼法而已。

戒掉"对不起"

像前面那位母亲一样说对不起的情形，在人与人之间的相处中很常见，它和"生气、愤怒、内疚"这样的情绪同样寻常。从表面上看，说对不起的时候，人想表达的意思有两层：

第一，显然是寻求某人的原谅和宽恕，言下之意就是我错了，我不该那样做。第二，同时也是在许下承诺，表态下次不会再这样做。所以听上去"对不起"这三个字是多么无辜、圣洁和充满诚意。

事实是这样的吗？如果你往深处再看一看就会发现，当一个人说对不起的时候，实际上是种操控别人的狡猾手法，不只是对别人，更多时候也是对自己。

举个非常典型的例子。一个酒鬼在每周五晚都会去酒吧喝个烂醉再回家。当他第二天早上醒来的时候，根本醉到已经忘了是怎么到家的。当然这个时候他睁开眼的第一件事就是向妻子道歉："亲爱的对不起！我也不想这样，但每次都控制不住，请你不要怪我！"

这个男人很明显是在用说"对不起"的方式操控他的妻子，但当我们以这种方式来操控或麻痹自己的时候，会更隐蔽、更不易察觉。

比如，父亲答应了儿子，周四早点回家去看儿子的足球赛。然后到了周四下午，他却被一个重要会议给拖住了。当着同事和上级的面中途请假会很尴尬，所以他错过了给宝贝儿子加油。回到家他自然会对儿子说对不起，但你仔细想想，这样的说法不仅是向儿子的一种以抱歉之名进行的辩护，同时也是对他自己的跳脱。此刻他真正想表达和塑造的，正是一个完美父亲的形象——能信守承诺，能给儿子做一个正直诚实的榜样。对这个父亲来说，他最不愿面对的就是儿子以后不再相信他的话或以他为榜样，纵使他平时是那样循循善诱地教育孩子。事实上再做个比较的话，我们就能看到，对他而言，维护在职场的身份、形象、地位，和对儿子许下的承诺比起来，孰轻孰重当下立现。

看来，说抱歉带来的最直接和最实际的结果，就是它给了我们一张许可证或免死金牌，使得我们可以继续让所抱歉的事一而再、再而三地发生，这三个字足以让人摆脱干系——"这并不是我的错"、"我对此也感到很不舒服"。某种意义上潜台词就是明天我还能继续做同样的事犯同样的错，然后在后天一早上门再次道歉和表心意。如果一个人对自己所造成的负面结果的认知是真诚的，他绝不会让同样的错误再次发生！只可惜太多时候，人们的歉意只是停留在表层的假象而已。

心理学领域对这种现象有个专业术语叫"继发性获益"（Secondary Gain），意思是指利用症状操纵或影响他人，从而得到潜意识中所期待的实际利益。通俗点说，就是看似我因为做了或没做某件事而感到抱歉，甚至在很长时间里，我都充满了内疚。但事实上极有可能是完全相反的，因为当我们将"内疚和抱歉"的标签贴在脸上的时候，这里头有很多潜在的好处：

— 别人会同情我；

— 我已经为自己的所作所为受到惩罚、付出代价，应当被宽恕；

— 我是一个好人，因为坏人不会内疚不安；

— 简单一句对不起就过去了，不用承担责任、面对真相、经历成长的阵痛。

这几条，哪些是促使你最后选择以道歉的形式来面对的动机呢？

你留意到了，在这里我再次用了"选择"这个词，不管是多么无意识状态下的倾向，选择了，就是选择了。

我一直相信人是不笨的，之所以愿意忍受消极情绪或某些狭隘信念的禁锢，是因为背后隐藏着诱人的好处和利益，不然以我们的聪明，有什么理由要这样做呢？所以下次当你想对某个人或某件事说对不起的时候，请勇敢地做一次剖析，那真是你的真实感受吗？你真想以此表达悔意吗？还是说那只是能让你逃避责任的"妙计"而已？

成长往往伴随着阵痛，要百分百纯粹真实地面对自己和他人，需要些勇气和决心，但最终你会被由此带来的惊人变化以及人际关系的一大进步而感到欣喜。戒掉隐含杂质的"对不起"，你会爱上不受责备、内疚和后悔困扰的轻盈感觉。

随波逐流的人：

— 否认自主选择是决定人生的首要因素；
— 认定环境支配着他们的生命，并以此为人生哲学；
— 将人生的主动权交给自身以外的人和事；
— 被情绪绑架；
— 嘴上总是挂着"对不起"。

冲浪驰骋的人：

— 选择活法、选择现状、选择环境；
— 参与人生抉择并为卓越人生而努力；
— 守护人生主动权；
— 充分浸入自身感受，拒绝让负面情绪影响脱轨；
— 很少以"对不起"来障眼，直言真切感受，直面真实选择。

18

说起责任，你是否觉得自己只是雪崩时的一朵小雪花？

"把命运全部交到自己手上会如何？天哪这太可怕了！因为没人可埋怨了。"

——美国女作家　艾瑞卡·琼（Erica Jong）

首先看下"责任"（Responsibility）这个词的含义，它最早来自拉丁文 re spondere，意思是"承诺一些东西，并回报另一些东西"，或者"回应"。换句话说，如果我是负责任的，就意味着我有能力"回应"我的行为，既不正面也不负面，既不暗示歌功颂德，也不隐射批判罪责。所以"责任"是中立客观的。

趋利避害是人的天性，人类非常容易倾向于在事情搞砸时找借口掩饰，或找到另外的人或事来替他背负结果。所以当我们提到"责任"，无可避免地，在大家印象中就成为了"责怪"的同义词。平时和别人聊天，当我们提起某人是需要负责任的，通常是在暗指这件事没做好要怪他，同时当我们说"我需要负责"的时候，言下之意也是我正在怪罪自己，或者我为此感到惭愧。

事实上，"责任"和"责怪"并不是一回事。责任只是纯粹指成年人应具备的如实陈述事件过程和结果之间关系的能力。如果在字典里查下"陈述"的意思，只是一种口头或书面上对既定事件的描述而已。这里头根本没有褒扬或贬损、对或错、好或坏，只有干干净净的事实。

只可惜我们太顾及面子和在人前的形象了，甚至会不顾一切代价要保持光辉形象，所以这样一个简单陈述事实的动作，也变得那么难实现。特别是当一些人或事伤害到我们了，我们会更加紧张戒备地环顾四周，想要找到某个替罪羔羊。现在回想起来，每次当我建议别人放下责备能让自己和别人都过得更好时，都会被激烈弹回和抗拒。看来，潜意识里建筑起的自我防卫的城墙太坚不可摧了。

"这不是我的错"

再来说一个在课堂上碰到的有趣案例。当时我刚刚和学员们说到，不管碰到什么事，如果能用负责任的态度和视角来看待都会非常有价值。这句话刚讲完，一个年轻人就快速把手高高举起，站起来说："我不认同你这个说法。"

我自然非常欢迎学员在课堂中的挑战和异议，因为那通常会成为很好的素材，所以我请他站起来，告诉大家他遇到了什么事。

他说："昨天下班时，我刚走出电梯，就被湿漉漉的地板滑倒并扭伤了脚踝，而且伤得很严重，揪心的痛！他们应该在清洁地板时，在醒目处放置警告牌，但那天没有。"

"然后你觉得自己在这件事里完全是一个受害者了。"我插话。

"这个当然。"他说，"但这还不算最糟的。我一瘸一拐去开车，谁知道刚把车开出来，就有人从边上超过，我那辆新宝马整个左边车身都给擦花了！要花几千块去修，关键那人还没保险，修理费要从我保单里付，又损失了一大笔。"

"恩，你那天的确挺背的。"我说，"连着遭了两次罪，一次是被保洁员害的，一次是那个莽撞的司机。我想知道你当时的心情，包括刚刚再次说起这件事时候的感受。"

"当时我真被惹到了。"他说，"比如保险的事，就非常不公平，有种被莫名剥削的不甘心，发生这样的事，根本就不该由我来买单。"

"对，你那样想也很正常。"我尽可能引导他客观看待这件事，"不只是你，很多人遇到这种状况，都会自动弹出类似的情绪反应。"

他明显不满足于我这样轻描淡写，反问："很多人？难道不是所有人吗？我相信任谁都受不了这样无缘无故的背运。"

"或许吧。"我说，"但至少我相信会如此反应的人，都和你一样，在潜意识里认定了自己是受害的一方。在他们的概念里，害他们的人可能是别人，也可能是自己，所以心里会觉得不舒服非常正常。只是，现在我要问你，是否愿意从另一个角度再来看看昨天发生的事？"

"可以。"他看上去也想找个可信的答案。

"很好。"我说，"你刚刚已经讲了一个版本，很明显是站在受害者的角度来看的。现在请你尝试用"负责任"一方的角度来看同一件事。比如在你滑倒受伤这件事上，你做了什么没做什么，以至于影响了事情的结果。"

他仰头看着天花板，像是进入了另一个频道。一小会儿后他说："现在我想起来了，在那之前因为约了女朋友快迟到了，我心里确实很急。之前已经迟到好几次惹得她不高兴了，所以说实话我当时满脑子都在担心又让她生气，所以当我从电梯出来的时候，没有特别留意看地上有什么。"

"那么也就是说，有可能是因为你自己不小心没留意而滑倒的喽。"这个答案在听他一开始讲述的时候，我就猜到了几分。当时我有些在心里乐着，同时尽量保持专业度。

"恩，可以这么说。"他倒是个很直爽的年轻人。

"那么你的车呢？又是怎样被别人撞上的呢？"我们继续对话。

年轻人这会儿也不好意思同时有些释怀地笑了："我想你已经猜到了。因为心很急，脚扭了很痛，所以踩刹车的时候力道不够。我又以为能比他的车快，就没停。没想到他实在太快了，于是就擦上了。"

我一边点头一边继续："请你现在留意下，两种不同的陈述，在感受上有没有什么变化。"

"恩，心里好受多了。"他说，"现在想想甚至觉得挺滑稽，也没那么恨那个保洁员和撞我车的人了，保险的事也更释怀了些。"

"就是这样。"我现在可以大大方方笑了，"当你愿意说服自己从负责任的角度看问题，就是会有这样神奇的变化，消极不见了，负面减少了，乌云散去是晴天，你才有可能继续往前看，看到更美好的人和事——当然主要是更好的自己。"

现在找回快乐的童年也不迟

前面这个生活里常见的例子很好理解，或许你会问，如果在父母离婚的时候我才3岁，又或者我8岁时遭到了陌生人的侵犯，又假设有人在5岁时就没了父亲。对那么小的孩子来说，怎么能为成年人给他们施加的影响来承担责任呢？

是个好问题。同时请回忆下之前说的，并不是事件本身让人成为受害者亦或承担责任，而是看我们怎么看待既定的事实，并以此为基础二选一。你可以是负责任和掌控人生的积极想法，于是你获得了力量；也可以就这样浸在过去的受害中。为了讲得更清晰一些，我们来看个相关的例子。

他叫乔伊，也是课程学员。在一次研讨分享中，他和其他组员说："这几天大家都注意到了，我的腿是瘸的，因为很小就得了小儿麻痹症，当时大概1950年前后，还没有疫苗。我在医院整整过了一年，从小到大，既不能打棒球、踢足球，也不能跳舞。我不认为我承担责任了就能改变这些。"

我非常真诚地向乔伊这番坦率表示感谢，同时向他讲诉了另一个故事，也就是你接下来要看到的这个篇章。

纳粹集中营里的尘封往事

也是在课程里，正像刚才那样激烈地讨论着"负责任"的话题。也有个年轻人跳了起来，要讲他们团队一位年长者的故事来向我反驳：

"我们小组就有一个最有力的例子来证明教练你说的并不对。我身边的这位老大哥，几十年前全家都被害死在了纳粹集中营里，他是唯一的幸存者。像他这样的情况，有谁能不承认他是绝对的受害者？又有什么理由要求他去负责任？！"

年轻人还想继续往下说，没想到老先生自己站了起来，示意年轻人坐下，他想自己来讲讲心中所想。看上去老人家已经七十多岁，当他走上来准备开口时，我留意到了他脸上涌动的种种复杂感受，手脚也在微微颤抖：

"谢谢小伙子提到了我，把发生在我家的故事起了个头。我之所以打断他，是因为像很多人一样，他也没看到为什么我同样需要用负责任的心态去重新看待过去。确实过去就是一场噩梦。将近40年过去了，我和我们那个年代的人仍然对战争深恶痛绝。而我现在有些激动的原因，恰恰是被负责任这三个字所触动。坦白讲要忘掉那段地狱一样的记忆和恐惧，任谁都做不到，但这并不影响我慢慢明白了责任两个字的含义。我的确可以继续活在诅咒里，把好不容易捡来的余下半辈子也浪费在里头；同时我也可以用一种更轻松的活法，把人生的尾巴给活好。就在最近几年，我感到自己渐渐看开了，是时候把过去放下、继续往前走了。我甚至想到了要原谅，否则再这样下去，我这副老身板一定撑不了多久……"

老先生在说这句话的时候，仿佛全世界只剩下了他一个人，他微微凹陷的眼窝里似乎闪过了这一生的影像。他稍微回了回神，继续说：

"我想，这不只是对我这种极特殊的情况，其实对每个人都一样。我希望自己能再卸下一些，或许参与一些和平理念的宣导和社会公益，能让自己散点余热。搞不好也是老天让我一直活到今天的理由。"

当这位老人讲完并徐徐坐下时，整个课堂没一点声音，随后不知道是谁起了头，大家不约而同地站起来鼓掌，这当中也包括我。

我现在把这个故事讲出来，给前面那位叫乔伊的学员听，给和正在读这本书的你听，是因为发生在那位老人身上的事情，也曾以不同程度和不同形式发生在我们每个人身上。对他来说，他在这场大屠杀和人类的浩劫中失去了整个家庭；对乔伊来说，他在很小的时候就失去了腿、健康和活力；你也有可能在某一次事件中失去了某些重要的东西。不管是什么情况，都不好受甚至痛苦难耐。就像这位老先生一样，我们几乎难以想象他在纳粹营中的日子是怎么熬过来的！但事实就是事实，任何人都不能回到过去改变什么，哪怕你心里是多么想抚平这痛苦的烙印……

但我们真的无能为力、不能做任何事情了吗？当然不是！至少你还能选择接下来的路该怎么走，就在现在、此刻，和过去做一个清算，为未来做一个打算！

让我们继续回到我和乔伊小伙的对话中。

我说："乔伊，从你的分享里，我感觉到了这么多年来——直到今天——你都还停留在那个得小儿麻痹症的你。这是非常正常的反应，也为你过去所遭受的一切表示遗憾。但我刚才这样的话，你应该不止听到一次两次了吧。我相信这么多年以来，你周围的人也会以各式各样方式来保护你的脆弱地带，无意间就把你定义为一个弱者、一个不幸的人、一个受害者。"

"你是对的，我妈妈就是这样，后来也包括我的妻子。"乔伊表示认同。

"但乔伊你知道吗？其实不一定就是那样的，你不需要把自己永远定义成弱者。就像故事里的老人一样，在一切还来得及，时光还攥在你手里的时候，和自己来一次促膝长谈。"我补充，"我和你说的负责任，并不是要你为自己的残疾来负责任，指的是你完全可以尝试接受曾经得病的事实，接纳它为你生命的一部分，只是发生在过去的一个事实而已。停止和它日日夜夜对峙，停止幻想它从来没发生过，停止和过去死死纠缠。你需要为源源不断涌出痛苦的伤口止血，最重要的是，不要再责备残缺的自己，那显然不是你能改变的事情。"

他听到我这样讲，深深吸了口气："坦白讲我也受够了活在这种感觉里。"

"恩，我相信你意识到了。"此时我需要给他力量，"那就用你在课堂和过去人生里学到的，变成工具，化为力量，解放自己并重新体会到活着的意义。一切还不会为时过晚，只要我们还活着，不管过去发生过什么，都可以亲手画上一个句号。"

宽恕是芬芳

你觉得只有圣人才有可能会原谅纳粹那样反人类的残忍行径。对常人来讲太困难，甚至不可能做到。然而无论事件大小，只要我们继续以受害的角度来看它，都无法得到接纳、化解和征服的力量。除非我们愿意真正宽恕，否则生命的力量会持续被那些使我们受害的人和事吞噬！

今天就让我们给这个被广泛误解的"原谅和宽恕"来做一个清晰的解读和定义。

人之所以要死守着愤怒和悲痛，是因为我们认为这样就是对坏人的惩罚；于是我们不愿松口，因为松口就意味着不再追究——"不行！不能放过他们！一定要让他们受到应有的惩罚！"

不过现实情况是，我们的怨恨和愤怒，对自己以外的任何人都起不到丝毫作用。当我一刀刀划向空中，受伤的只是自己。如果你愿意理智去看待，就会发现用愤怒来惩罚别人是很傻的想法，这个幻想是不切实际的，只有过程中难以释怀的痛苦是万分真实的。

有人会指望时间来救赎一切，可你也知道，时间也是中立的，它无法脱离一个人自我疗愈意愿的前提来治好我们的伤口。时间久了，当初的刺痛慢慢变成了隐痛、顽疾、伤疤，不会消失。只有换种方式和过去的苦难相处，才有希望被治愈和放晴。

更重要的是什么？对了，不止是宽恕过去、宽恕别人，而是和自己和解。你可能跟很多人一样，宽恕别人要比宽恕自己来得容易。这是个永恒的悖论，看似想要保护自己，却往往对自己最狠心！这样做的原因很简单——找到一种无形的平衡。在这个假想的等式左右两边，充分惩罚了自己，等于事情就能回到原点。怎么可能呢？！没有自我接纳和宽恕，只会让伤痛加重，甚至把自己逼到崩溃的边缘……

如果你还在受害的泥沼里，问自己一个至关重要的问题：

我就这样待着，包裹下的潜在期望和好处到底是什么？这些年来，从无止境的悔恨、自责、内疚中，我究竟又得到了什么？

幸存者的不幸

让我们换个角度继续举例。这次主角是位专业登山者，叫马丁。他曾在一次高山探险中遇险，同行的队员全部遇难，只有他幸存了下来。后来他频繁地出书和接受采访，在缅怀这个悲剧的过程中，不知不觉赚了很多钱。说起这场悲剧时，他最大的痛就是虽然曾试图营救同伴，但最终还是没能帮助任何人脱险。随着时间一点点过去，他的内疚越来越严重，特别是当他的"故事"换了越来越多金钱的时候，他终于陷入了严重的抑郁，不可自拔。

之前我们已经学过，当一个人留在内疚里的时候，极有可能是有好处的。所以你会想，他的愧疚带来的好处会是什么呢？首先他确实从很多人那里得到了同情和关注；更大的好处是当他这样责怪自己的时候，背后有个大的假设和前提，是他仍然把自己看作正直的勇士。他以前对自己会在危机时刻站出来这一点深信不疑，直到这个考验来临，他犹豫了、退缩了、被恐惧打败了为止。

在这之前马丁还非常鄙视那些靠挖他人不幸为生的记者们，觉得那就像是食腐的秃鹰，而如今自己也成了其中一员！于是在不堪直视的真相面前，他拿起鞭子狠狠抽自己！抽得越狠，越显示虔诚，因为谁都知道，只有正直勇敢的人才会为自己曾经的懦弱而感到自责。

我知道他的故事是缘于他在我课堂中的分享，他提到了一直以来如何遭受着内疚的折磨。后来通过诚实地面对自己，他意识到了这只是一种无意识地为自身行为找到合理解释的方法而已。逃出牢笼的路只有一条，就是原谅过去，并开始自律地留意当下所为，确保未来的路不再脱离人生哲学和信仰的轨道。

如果要我对过去基于内疚心态的观察做一个总结，我会这样表述：

内疚由两部分组成，一面是人们为自己设定的某个标准，另一面就是他们确确实实违反了那个标准。要想避免掉进内疚的陷阱或爬出来重见天日，方法其实非常有限。

第一，你可以防范于未然，不要去触碰那些违反标准和原则的事。当然大多数内疚都源自于事情已然发生，所以这一条已不太实际。

第二，适当降低标准。当你发现无论做什么都无法实现你定下的期望时，将是最惨痛的自我责备。

第三，为自己所有行为负起责任来，学你必须学的教训，放你应该放的固执，让过去仅仅只是过去。

负责任的反面是什么？

再次回到战争集中营，不过这次不是学员的故事，而是我在电视上看到的新闻。同样是个幸存的男人，却和之前提到的那位幸存老先生完全相反。

当年一群英国战俘被日本人关进集中营，虐待了三年之久。大部分人因此丧命，幸存者在过去50年间不断向日本政府声讨索赔。直到1998年，终于被东京法院接纳，由三位法官进行裁决。谁知道开审仅短短二十秒后就被直接判定他们既得不到任何赔偿，也没有一句道歉的话！

电视上露面的是幸存者的领袖，一位74岁的英国人。他走出日本法院，朝法院前的石碑上狠狠吐口水，愤怒地冲着对准他的摄像机镜头大喊："这是一个没有道义的国家！"我在日本住了很长一段时间，对这个国家的某些集体文化认知障碍和保守敏感略有体会。不仅为这位声讨者感到同情，也为一些其他的事感到遗憾。

几个月后，我又看到那位英国人接受英国广播电台的采访，他花了将近半个钟头来发泄愤怒和不满。我能体会到其中的伤痛，不仅是因为同情他和他被虐杀的同伴，而是看到一个原本很优秀、有着无限希望的人，在过去几十年被惨痛经历折磨至此！他选择了背负重担，被囚的伤痛超过大半个世纪，而且还在一点点蚕食宝贵的生命……

你会说，那这个人的愤恨就不存在任何"好处"了吧？陷在这么多年的仇恨里他又能得到什么呢？其实很明显，他之所以一直不肯原谅日本人，是因为他相信这是在惩罚日本人的所作所为。与此同时，他占据道德高地，以居高的姿态毫无忌惮地鄙夷敌人的非人道行为。只是他为此付出的代价是五十年的黑暗、半个世纪的伤痛，以及以痛之名对家人朋友的紧紧束缚。

如果这让你想起了某些类似感受，同样曾经或正活在无底的伤痛里，那么真诚地希望你能为自己做一番负责任的体察，把自己从"集中营"里救出来！

在古老东方，还有个关于禅的启示，让我们一起来品一品。

两个和尚来到河边，见一位少女也想过河。少女向和尚求助，但因清规甚严不可接近女色，所以一开始两人都断然拒绝了她的请求。少女苦苦哀求，说她祖父住在河的另一边，上了年纪且身患重病性命垂危，必须要赶去照料。其中一个和尚听了，经过沉思不顾师兄弟的强烈反对，将少女背过了河。两个和尚过河后，告别少女继续上路。当初反对的那个和尚心里一直堵得慌，低头赶路默不作声。最后他终于忍不住，便破口大骂师兄弟的不忠："为什么你要背那少女过河？你难道不知道这有违清规吗？"另一个和尚回答道："我已经帮她过了河，也已放下她了，是你还'背'着她，不愿放手。"

我的朋友海勒·布里斯博士（Hyler Bracey），是亚特兰大咨询集团的创始人，虽然他曾因一次交通意外而严重烧伤，但他不仅事业成功，还帮助了很多人，受到大家的敬佩。很多严重烧伤毁容的人都受不了"真相"，恨不得躲起来不接触任何人。但他没有，还经常大大方方地出席大型公益活动，主动走进人群，照耀他人，足以看到其内心的强大。

著名演说家米歇尔（W. Mitchell），他的身体同样受过严重创伤，而且不止一次。这个男人的生命力令人无法不敬佩。在他网页上能看到这样一段话："经历了两次生死考验，一次摩托车意外，另一次飞机失事。我的生命有了质的转变。在受伤前我能做到10000件事，现在只能做到9000件。我可以看着那1000件不能再做的事发呆，也可以专注在仍然能做的9000件事中。"

这些身残却取得至高成就的人士，如海伦·海勒（Helen Keller）、克里斯托弗·李维斯（Christopher Reeves），都有着共同的特质，就是他们不会被残酷的过去禁锢，仍能自由选择尚在手中的人生，不仅为自己的生命负责，也点亮他人的黑暗。

一切只为"生"的力量！

是时候总结一下关于"负责任"的讨论了，它不是什么至高无上的真理，只是一种看待事物的观点和态度。透过这个角度看到的世界和自己是清晰的，没有借口遮挡，没有虚弱死角；你大大方方地看待生命里发生的一切，并主动参与其中——这让你看上去特别有力量。

负责任意味着看到和承认在任何情况下我们的行为都会成为结果的关键决定因素。当事件发生的时候，负责任还意味着我们能接纳事件，将其看作是人生的一部分，从中看到学习和成长的价值。

维克多·弗兰克（Viktor Frankl）是一位富有创意的精神病学家，也曾是纳粹噩梦的幸存者，他这样写道：

"人类的路径，说到底是由自我意志决定和驱使的。即使会受到先天和环境的限制和影响，最终造就的那个状态还是由自己决定的。在集中营里，我们目睹了有人会将他魔性的一面释放得淋漓尽致，但同样是在那样极端严酷的环境下，也有人会展现他圣洁悲悯的一面。在面临生死考验下表现出的天壤之别，同样不是由客观条件决定的，而是不同的人各自内在世界的投影。"

不可避免地，在任何情境下我们都会多多少少受到他人看法或外在事件的影响。但从负责任的角度看来，我们自身的思维和态度才是最终决定事情走向的重要因素。打个比方，如果要造栋石拱门，外在的影响是添上点缀的小石块，自身的态度和信念才是这堵拱门最坚实的基石。

所以，如果你想飞，身上双翅一直都在，只是要靠你自身的意念将它们舒展。

现在，请用行动来支撑思考

很多人都有一个非常简单的愿望——想要更加正面地思考。这也是很多自助类书籍和激励类演讲中频繁宣扬的基本点。

究竟正面思考给人带来了什么强有力的神奇影响呢？答案是——几乎没有！强迫自己正面思考，反倒会忽略眼前急需面对的严峻问题，看不到它们发出的信号，因为我们强大的脑袋一定把那些信号视为"垃圾邮件"处理。这样一来，反而使我们更加远离改善的可能性。

我这样堂而皇之地宣称"正面思考无用论"，绝对是个人发展教育领域的异类，极有可能会被同行无情驱逐，但我仍然坚定这想法是对的。

那么，如果积极思考没有用，什么才有用呢？答案就是"负责任"，为你所有的行为、体验、结果负起百分百的责任。只有负责任这个行为本身才是一切有价值的学习成长和个人力量提升的源泉。人一旦选择了受害的态度，根本无法作正面思考，自尊也会被打压到谷底；但如果你把自己放到人生王者的宝座上，那么你的生命力量和自我价值感就会指数级地飙升！

责任感和负责任的行动是个人生命力的来源，而个人生命力又是不管在任何时候都能正面思考的动力源。

道理永远都简单，要做到却没那么容易。即使像我这样整天在教别人要怎么负责任的人，也不能绝对保证自己不被受害者的想法入侵支配。1993 年的我就掉进了"受害者"的井里头，经历婚姻的剧变，还给孩子们造成了伤害。当时我的好朋友丹尼斯·贝克尔（Dennis Becker）

说我就像一头在水里打滚不肯上岸的固执大水牛。更好笑的是，因为我是教别人负责任的导师，所以当自己成为一名受害者的时候，所有的行为表现必须非常狡猾、谨慎、低调，复杂缜密地让人不明所以，不能露出半点蛛丝马迹——那个时候，我就是这样伪装的。

斯图尔特·埃斯波西托（Stewart Esposito）是我的好朋友兼教练，每次在听我像头受伤的狼一样仰天长嚎的时候，很长时间都不会发表任何评论。他太懂我了，知道眼前的这位"受助者"非常难缠。他当然知道我有多强的表达力、多无懈可击的严密逻辑，我完全有本事把自己受害的故事编得极致合理。一连60天的电话指导，他都一直没作回应，直到有一天终于开口问可否向我发问，我欣然回答："当然可以。"

他的问题只有一句话："兄弟，你说咱如果只是简单地为所有的事情都负起责任来，会不会更有用?"

那一刻，我放弃了所有拿"受害者"外衣伪装窃取来的"好处"，为自己作为丈夫不该做却做过，或该做而没做的所有，负起全责，并在好友的陪伴下，开始了"疗程"。疗效如何? 你能看得到，我的前妻看得到，我的孩子看得到，我的父母看得到，我的朋友看得到……更重要的是，我自己看得到。

掉进井里的受害者：

— 错把"责任"等同于"责怪"；

— 任由过去的悲剧和无力感控制他们眼下的抉择；

— 相信光是"思考"，就能"成为"。

勇敢攀爬的责任者：

— 在行为和结果上都表现出足够的担当；

— 明白是责任感造就了生命力，是生命力点亮了更正面的思考。

19

警惕人生的黑衣人——"我是对的"

"我宁愿笑着死，也不愿活着被强迫改变我所相信的。"
　　——图库勒部落人民宗教领袖　孟塔卡·塔尔（Muntaga Tall）

在生活里做个小实验，下次和朋友一起吃饭时，一开场抛出这样一句话："我觉得每个人活着最重要的目的就是坚持自己是对的。"然后悠哉坐着静静观赏这句话引发的刀光剑影："乱讲"、"至少我不这么认为"、"你根本就不知道自己在说什么"、"这样说是不是太武断了"……当然，也有人会同意你的看法，站在你这边和刚才的声音辩论。不管哪种反应，他们都在证明你刚刚那句话是对的——"我是对的，任何人跟我看法不一致的，都是错的。"

一个世纪前，哲学家威廉·詹姆斯（William James）就说过："人类只会对一件事情感兴趣，那就是证明自己是对的。这甚至成为了一种至高艺术，驱使一代又一代人前赴后继地去追求。"用现代社会更通俗的话来讲，这就像一种本能，和动物的求生意志一样，是关系到生死存亡的大问题。

人往往不会察觉自己身上的问题，但你肯定看到过别人是怎么对"犯错"讳莫如深的。时光倒回到远古时期，当时人类还活在赤裸裸的蛮荒杀戮之中。不管是人和人，还是人与野兽，在短兵相接、利爪撕扯的生死存亡时刻要是犯了错，付上的可就是生命的代价！讽刺的是，帮助祖先立足食物链顶端的古老基因遗传到现代之后，反而成了摧毁众多人际关系的祸因。

几乎所有的据理力争、对薄公堂、离婚决裂，甚至战争的导火索，都是源于"我是对的"这个坚不可摧的执念，它已断送太多人、太多家庭的幸福和友谊。看似积极的争取，实际上却拖了生命的后腿。一旦我们对这个世界和自身建立了一套固定信念之后（据专家估计早在8—10岁就已初步形成），它就成了人生大厦的重要支柱，我们会想尽办法保护和加固它，很难有多余的精力和意愿，做到从多个角度来立体看待问题的真相。

你现在应该还不是很相信我说的这些。那好，来看看以下问题：

1. 你会用撒谎来证明自己是对的吗？

答案太明显了。出于大大小小的理由和动机，人类从来就没停止过对别人或对自己撒谎。请问，你是不是也曾因为怕讲实话会带来不必要的麻烦，而撒过善意的谎言？这个习惯在我们小时候就开始酝酿了，当时可能只是因为一句童言无忌而遭到了大人的训斥甚至打骂。致使长大后，脑子里始终有一个声音在怂恿——讲真话会有得罪人或破坏关系的风险。所以我们常把快到嘴边的真话又咽了回去。

2. 会不会因为不愿妥协，而和自己最好的朋友或爱人决裂？

当然，看看那么多因此而分道扬镳的朋友、合伙人、家庭或婚姻就知道了。

3. 你会用偷窃的方式，来守住自己的"认为"吗？

这一条你可能不大承认，但还真有人会这么做。比如很常见的偷税漏税，就是典型的偷窃行为。有人觉得交税本来就不公平，有人鄙夷政府官员都是骗子，有人认定钱交到他们手里早晚会被浪费掉……总之一定能找到一个完美的理由，因为，必须要"对"才行呀。就算某一天在审计时被抓了个正着，也只能更坚定你之前对这件事的"不公平性"的论断而已。

4. 人会为了一时执念，而夺走他人性命吗？

看到这个你或许吓了一跳，这样极端的事，普通人绝对不会做。那么请问，战争是怎么来的呢？战争在本质上就是某个群体为了证明自己是对的，而触发的大范围激烈碰撞。想想那些年轰轰烈烈的关于资本主义和共产主义的较量，想想两大宗教派系在厮杀时口中的念念有词。没有一个民族会傻到说我们错了，然后接着打。战争双方都坚信真理永远站在他们这边。

5. 你会为了一个印证，而献上自己的生命吗？

翻开历史你就会看到，成千上万的人早已为此丢了性命。无论是为小我的坚持，还是民族大义集体信仰。越来越多的人选择用自杀的方式做为最后的"绝笔"，一张张"遗书"上写着"人生本来就没意义"、"我不值得再活在这个世上"、"如果我死了，你一定会后悔"……这些念头竟足以强大到让我们亲手终结自己的生命！

6. 你会让孩子的身心健康，成为争论对错的牺牲品吗？

很遗憾，这个答案也是肯定的。我们生活的城市，有多少对夫妻正分居两地、长年冷战，或在离婚时拿孩子当武器？这些漠视已给无数孩子带去极大的心理创伤和精神上的扭曲。

7. 人会因铁面无私供奉信仰，而残忍"食子"吗？！

都说虎毒不食子，但竟然万物灵长的人类会这样做！真有这样的民族存在，他们不允许在孩子生病时寻求治疗，甚至有人会亲手夺取整个家族的性命！这些行为背后同样是基于强烈的"信仰"，哪怕对正常人来讲再难以理解，在当事人看来，也只不过是一件极度合乎逻辑又不可辩驳的事实而已。换句话说，这就是他们所坚信的"对"。

有些"我是对的"，在我们去学校接受教育之前就已经形成了，甚至一出生就要闻到"对"的味道才安心。不要忘记，我们长着眼睛、耳朵、鼻子、嘴巴，或许就是为了搜寻一切"对"的线索。显然这些五官的作用被发挥到了极致。

只是，有个问题要引起我们的足够重视和思考：当一个人坚定相信自己的所知所想是对的，就不可能再给新知识、新观念留出落脚的空间；从"我知道"的墨镜里看出去，永远不会有新的光亮和启发。相反地，"我不知道"反倒是一句很有力量的话，像是划破黎明黑暗的一道耀眼光束，唤醒万物生长。

"对"着止步，还是"错"着前行？

我认识一位女士，她平时看上去挺理智，但一提到精神医生就会变得完全相反，她对这个群体根本无法信任。很明显这份抗拒或恐惧来自过去的某些经历，使她认定了所有的精神医师都是自私自利的，所以她要想尽办法远离他们。

我一直没弄明白是什么具体原因导致了她这种反应，但我清楚这种应激状态带来的后果，足以摧毁她日后的正常生活和人际关系。有段时间，连续几个月，她都感到头痛、恶心、失眠和情绪莫名低落，医生没发现她身体上有什么毛病，所以极有可能是某种压力下的早期抑郁症。我对这此略有了解，因此推荐了一个心理医生朋友给她，没想到她对此非常激动，说自己绝对不会去看心理医生，这帮人都是些江湖术士。

几个月后，我无意间得知她最终还是因精神崩溃进了医院，所幸有专业人士辅导，她开始好转。从这件事里，我们看到某种强烈的信念足以给人带来毁灭性的影响。这位女士她本人不觉得自己的看法是有问题的，甚至对此深信不疑，宁可放弃自我治愈，也要捍卫自己是对的。

会应验的预言——"我早就说过！"

"对人类来说，没有什么比被质疑更让人害怕。"
——作家 劳伦斯·凡·德·普司特（Laurens Van der Post）
《卡拉哈里沙漠的失落世界》（*Lost World of the Kalahari*）

"我是对的"——这是一个神奇的会自我应验的预言。比如当一个男人因为过去的经历，认定了所有女人都是骗子，他就会不断找蛛丝马迹来印证自己所相信的。这就是人类，就算"对"意味着自我毁灭，也要一条道走到黑，即便承认"错"能让日子过得更好。

回到刚才的假设，试想一下，当一个男人认定女人都会骗人，那么他在寻寻觅觅中，比较容易把注意力放到什么样的异性身上呢？你猜对了——会骗人的女人。虽然这个结果令他感到痛苦，但至少，"预言"再次成为了现实，他可以更加确信自己的判断。

再来看个常见的例子。身边会有不少人，认定了自己做什么都不行。所以为什么还要瞎折腾呢？根本就没有意义嘛！反正最后还是什么都得不到，那我就不去冒不必要的险。当然最终自然是一事无成，所以我又对了，预言再一次成真。这份"先见之明"往往会带来微妙的感觉，让人洋洋得意于自己的"聪明"。

我朋友的儿子年纪轻轻，却是个非常有天赋的游泳健将。可惜他老觉得比不上别人，每次比赛都只得第二。他从来没想过，恰恰是心里的一股无形阻力让自己在终点线面前止步。而每次都屈居于人后的结果，都会再次强化这股阻力。好在这是个有慧根的孩子，我同样是在课堂里认识他的。当他清晰看到了自身障碍之后，他兴奋地回去和爸爸分享喜悦："爸爸，我总算发现了！以前在比赛里我没发挥全力，因为习惯了看别人在前面，总要到最后一段才发力，就失去了先发优势，错过了冠军。但现在我一开始就会全力以赴。如果我赢了，是我应得的；万一又输了，也能趁机找找问题在哪儿……"

年轻人尚有这样的智慧，我们又能从中得到什么启发呢？

拒绝"错"的人：

一　死守自己是对的，即使因此放弃人生更多可能性，或牺牲人际关系。

和"错"做朋友的人：

一　心里很清楚，比起人生的自由和丰盈，无需执着"对错"。

20

盔甲里头的自己

"死亡并不是生命最大的损失。而是当我们躯体还活着，心却死了。"

——美国作家 诺曼·卡森斯（Norman Cousins）

当我们还是个孩子的时候，并不会像现在这样轻易受到外界左右。无论是哭还是笑，都是那样自然和发自内心。孩子敏锐又诚实，当事情不对劲时，他们就会立刻表现出来，敢于要求他人及时关注自己的需求和感受。

然而没过多久，我们就学会了遵从社会和文化的种种规定，牢牢捧着一份"能做和不能做"的清单。这份清单是在我们长大过程中不断碰壁后形成的。背后是各种受伤、内疚和羞愧的滋味。不知道从什么时候开始，我们对别人眼中的自己变得敏感和在意，开始担心在他人眼里是不是很蠢很异类。原本存在于内心的那团"我应为王"的强烈自尊和自我照耀的火苗被狠狠浇了一头冰水！

再往后走，就到了下一个阶段。想象中的自己和现实中应该要成为的自己之间，起了激烈冲突。我们发现，直接把心里的期望、想法和感受说出来，往往会引起他人的不快甚至遭到抨击。为更好融入人群不被孤立，我们学会了妥协和随波逐流。好像只有以更符合他人期待的"形象"出现，才能保护自己不受伤害，融入社会主流。

时间一久，"形象"的壳越来越厚，像盔甲一样坚固、沉重。我们在不知不觉中就活成了伪装的样子。但我们只是把真实的自己藏起来了而已，并没有消失，所以能感到被一股莫名的力量拽着，总有一个声音想冒出来，又被压制。要打破盔甲，和冒险无异。

如果你怀疑我这么说的真实性，那么就请看一看身边那些正处于迷茫期的青少年。在建立自我的关键年龄段，他们往往难以抵挡外界和他人眼光的影响，会害怕自己没有达到别人的期望和要求，开始学会掩饰内心真实的看法和感受。无论是随大流或叛逆，都只是自我角色冲突下的不同表现形式而已，都是为了保护自己而穿上的盔甲。

这样看上去好像很安全，也没有什么大不了。但这层盔甲的存在，从根本上限制了我们"飞翔"的能力——不敢表达、拒绝尝试、没有创造、失去想象。我们与生俱来的快乐本能和创造力在渐渐退化，对生命的感受能力和追求理想的热情也在慢慢冷却。人生就像是一架自动操控的飞机，无人纠偏，朝着一个错误的方向前行，和真正想要的东西背道而驰。

写到这，突然想起一部科幻电影叫《人体异形》(Invasion of the Body Snatchers)，讲的是一种非常古怪的、看似植物的生物移植到了地球上，并进入了人类身体，彻底占据了人类思维和行为。现实生活中，我们往往也会成为那样的"豆荚人"，举手投足似是人类，但实际上只是这种生物结出来的果实而已。

前文的描述或许有些放大渲染，但有件事是可以肯定的：如果我们想重新点燃对生活的热情，想让创意清泉更加自由流淌，就必须卸下这层厚厚的盔甲！让肌肤、感官、身心直接接触生活，切身感受生命的种种滋味。这种完全"暴露"无遮挡的感觉，也许一下子会让人无所适从，看上去危机四伏。但只有这样，阳光才会透进来，才会呼吸到自由的空气。而这种自由，对成年人来说，往往已阔别多年，和逝去的童年时光一起，被渐渐遗忘……

穿着盔甲的人：

－是社会标签和他人眼中形象的囚犯，难以做到和自己及他人之间的真诚连接。

破茧而出的人：

－完全"暴露"在生活的真相中，敢于冒险，所以是自由的。

21

扭过头，看到真正的终点线

"我其实是可以不需要受苦的，但这意味着我将不能再起舞！"

——加斯·布鲁克斯（Garth Brooks）演唱

托尼·阿拉塔（Tony Arata）创作

《起舞》（*The Dance*）

稍微换个角度，再来看看我们制造出的"形象"盔甲。

一开始学会铸造盔甲，是因为这是我们能想到的唯一一个用来保护自己和满足父母长辈要求的办法。就像上一篇讲到的，我们在小时候其实是很诚实的。还记得五岁那年，你当着满屋子客人的面，笑阿姨脸上有好多滑稽的皱纹。这话一出口，自然就是一顿训斥。这就是你最初印象中诚实的代价。后来你又跑去告诉老师她很肥，那个时候你也只是童言无忌而已。只是你的这份天真烂漫，并没得到生命当中重要长辈的认同。

一次次类似的苦头之后，你就学乖了，想通了要在社会里如鱼得水，就不可以"口无遮拦"！要很有礼貌地说一些能让别人听上去舒服的假话。于是你学会了用更多谎言来堆起在他人心目中的形象，并坚信这是立足和生存的基本前提。我们通常很擅长这样做，所以一眨眼功夫，就已分不清楚哪个是夜半无人时真实的自己，哪个是在社会丛林中"变色龙"的伪装。

自那以后，你的目标只有一个，就是继续在社会上立足，不想承担任何被撼动或遗弃的风险。光是这个看似简单的目标，就让太多人投注全部精力，牺牲了太多和自己对话的机会。丢掉的不仅仅是珍贵的好奇心、无穷的创造力和不竭的热忱。

难道，生存立足就是我们毕生追求的全部目标吗？

我想说，这错了！对生命而言，任何生物所做的一切，甚至是那些在我们看来至关重要的一切，对延续生存来讲，基本没有任何用处。因为不管怎么绞尽脑汁、如履薄冰，每一天的生命个体都在一步步走向真正的终点——死亡。这对我们每个人来说都是一样的，所以以生存之名做出的种种伪装、妥协、牺牲，这些和挥霍生命无异！人类往往短视，只因没能一眼看到人生的尽头，就不能意识到活在当下、全然珍惜眼下每一瞬间脉搏跳动的珍贵意义！

刚才这段话听上去像是个坏消息，那么好消息是什么呢？好消息就是，我们是有得选择的，究竟是要执着于"生存"被捆绑？还是为了活出"生命"本色而绽放？

生命不易

"生命是一场巨额赔率的赌博，如果真要下注，恐怕你不敢。"

——英国剧作家 汤姆·斯托帕德（Tom Stoppard）

"人活着不容易。"这是畅销书《少有人走的路》（*The Road Less Traveled*）作者斯科特·派克（M. Scott Peck）的开篇第一句。这不是什么新感慨，但事实上并不是所有人都这样想。正如作者在书中指出，很多人都持有不切实际的期望，觉得人生就应该很轻松、很公平、很享受。这样一来，正常生活中的起起落落、欢乐和痛苦，都被看做是天大的煎熬。

数千年来，各类精神哲学领袖都在提醒我们，想当然的期望会给我们带来绝望，只是大多数人还没领悟到这一点。

遮云蔽日的狂热期望

为何人会因不如意而生出悲伤、愤怒或挫败？主动改变心态以跟上人生的节奏，岂不是更合理的存在方式？说起来应该是这样的，可惜人们通常不会这样做。作为活在未来的动物，我们总有一堆"奇思妙想"。

放在面前的是两种截然不同的认知：一边是对未来保持积极的愿景和展望，并做好亲手创造的准备；另一边是期待所有事情都能顺理成章地朝着个人理想中的样子进展，否则就感觉到受了伤害。来看看安妮·威尔逊·雪芙博士（Anne Wilson Schaef）在女性思考书籍 *Meditations for Women Who Do Too Much* 中是怎么描述的：

"期望是杀手，出现即伴随着失望。同时让我们对眼下正发生的事实浑然不觉、视而不见。因为实在太心心念念于想要看到或不想看到的事了，所以看不到正在发生的一幕幕。期望也会将人困在幻觉里，我们会把自己的期望投射在别人身上，并以此作为衡量现实的标尺，产生掌控的错觉。"

与愿景不同，期望会引发自我折磨。如果说信念是为了保护自己，那么期望，尤其是对别人的期望，往往只会带来失望。于是我们就陷入了如下面这位美国侦探小说家雷蒙德·钱德勒（Raymond Chandler）笔下的私家侦探菲利普·马罗（Philip Marlowe）一样的焦虑里：

"我站起来，走到屋子的角落，拿一桶冰水泼在脸上，过了一会儿就感觉好一点了，但也只是一点。我需要一杯酒，需要人生的港湾，需要休息，需要一个家……但我现在有的是一件外衣、一顶帽子和一支枪。我把它们带上，从屋里走出去。"

看过著名励志影片《死亡诗社》（*Dead Poets Society*）吗？里头有个典型的例子就能说明单方面期望所带来的巨大破坏力。故事的主角是一位出色的医生父亲和他的儿子。父亲把儿子送进高档寄宿学校，希望子承父业，不依不挠地逼儿子放弃做演员的"荒唐"想法。最后儿子自杀了。这个悲剧显然是父亲的期望和执念带来的后果。他完全忽视了儿子的意愿。

在我们的研讨会上，一位50多岁的男士向组员分享了类似的情形。女儿是一所知名高中的篮球运动员，父亲就是教练，所以父女俩经常在球场上一起练习。早在女儿六岁时，父亲就期待女儿能成为篮球明星，打进专业球队。一切都十分顺利，直到我认识他前的六个月，女儿突然说要放弃篮球。这位父亲被结结实实打懵了。于是父女俩开始不断争吵，直到最后两人再也不说话，女儿也选择了离家出走。

通过课上一系列的发问和练习，这个男人渐渐看到了问题在他而非女儿。是他把个人期望强加在了女儿身上，逼她按规定的路线生活。这条路和女儿想走的没有任何关系，他认为的"好"，也并不是女儿所要的，可惜他并没看到这一点。

做孩子的自然也希望父母开心，所以一直以来女儿尽了全力。直到最终她想成为的那个人，和父亲给她规定的未来之间，差距实在太大！以至于她不能再忍受这样的压力而做出放弃篮球的决定。这样的结局，对父亲来说，自然懊悔不已，也心痛不已。

把头埋进期望的人：

－错误地认为想象中的自己就是真实的自己，穿着"皇帝的新衣"。

眼看未来脚踏实地的人：

－合理看待对自身和他人的期望，不受迷惑不受束缚，追寻梦想。

22

期望和现实

> "人生除了你实际拥有的结果，
> 就是你对为何无法拥有结果的种种解释。
> 这两者取一就够了，有了结果就不需要理由。"
> ——来自卓越人生课堂的启发

之前提过，有人为保持特定形象会不惜代价。只要事情不尽如人意，就立刻抓来身边人或事来做挡箭牌，在不知不觉中扮演起受害者的角色，堆起负面情绪的堡垒，限制了能力的发挥。唯一能突围的方式，就只有百分百地从负责任的角度来看待自身的所有选择和行为。

有个非常简单的自我检视的方法，就是掂一掂自己对待理由和结果的态度。如果一个人一开始就坚定地冲着结果去，他就不需要任何理由（包括任何看似理性、合理的解释）阻挡前行；但假如一个人并没有强烈的非要达成结果不可的意愿，那么理由的存在，就成了能帮他轻松转移指责对象的"金蝉妙计"。换句话说，就是以受害者的身份躲在安全的角落。这样做，短时间看上去很轻松，但长久下去，就会销蚀力量和自尊。

想更快获得心中所需，就必须放弃找借口的后路，坦然直面摆在面前的选择和为此采取的一切行为。专注于目标的达成，就自然无暇窝在内疚和自责里顾影自怜、徘徊不前。

有一条路当下很舒适，但未来暗藏危机；另一条路眼下困难重重，长久却海阔天空。所以不妨问问自己如何看待"理由"和"结果"，谁才是你的心之所向？当然，低头看看现在我们手里已经攥着的现实，答案就已经很清楚了。人类很狡猾，有不愿面对的真相时，会非常擅长以各种方式圆谎，但唯独结果和现实以及我们分配时间精力的优先顺序，是不会撒谎的。

就目前的结果而言，你过得如何？

我想起课程中一位年轻女士Jane，她在谈到为什么走进课堂时，说她想找出是什么阻碍了她的事业。"我很清楚我要什么。"她说，"但我总会把想做的事无限延后，很想知道问题出在哪。"

我请她再多分享一些。她说她先生是国际航班飞行员，因为夫妻想多点时间相处，所以就跟着先生到处飞——欧洲、南非、亚洲，每月一到两次。

"如果不这样，就没法见到他了。"她说，"所以我长期没有一份稳定的工作。"

"那平时不用跟着出差的时候，你会做什么？"我问。

"结婚七年了，早上大部分时间会跟航空太太团打网球，她们丈夫也是满天飞。然后去喝咖啡、购物、运动，保持最佳状态。"

"看起来这样的生活应该很惬意啊。"我说，"那你刚刚说自己知道想做什么，能分享一下吗？"

"我想做些残障儿童的公益事业。"她说，"这个梦想结婚前就有了。"

"这很有意义。"我赞许她，"说不定从今天的课程里出去后，你会有很大的转变，可以真正开始这份事业，并让它成为你生活里最重要的一件事。但在那之前，我想知道过去七年你都把精力放哪儿了，毕竟目前的结果就是你没有取得任何进展。"

"我不知道。"她摇头。

"听上去似乎婚姻对你来说才是最重要的，你想跟丈夫在一起，做一个贴心的模范太太。"我尝试着切入主题，"谁都不能说这是对还是错，只是从你想做的事以及现在摆在眼前的结果来说，你所讲的不一定就是事情的真相。从这么短时间的接触里就能看出你绝对是一位很有智慧和才华的女性，如果你真觉得事业才是第一优先选择的话，我敢肯定你一定会找到办法去实现。至少在过去七年里不缺机会，哪怕是兼职。但眼下的结果告诉我们，其实那并不是你的第一优先级，很明显，还有比事业更重要的东西。"

"但我没说假话，我真的很想帮助那些残障儿童。"她急着补充，看上去很真切，"只是不懂要怎么开始，又没经过正式训练。我甚至想学个专业，拿到证书。但如果我重新读书，而先生又要去另一个国家，那……"说到这里，她停住了。

"Jane，你确实有很多理由可以来解释为什么至今没迈出这一步。你刚才所有的阐述和表达，在我们今天探讨的话题范畴里都非常典型。人的一生中，要不得到了结果，要不就是在解释为什么没有得到结果。而后者会把人困住，就像树林里起了雾就会看不清路。而且人往往会找很多办法来转移自己对真相的注意力，比如对你来说，就是打网球和购物，这些都让你和想为残障儿童做些事情的理想越来越远。"这一次我正面给了回应。

"你说得很对，这点我自己也意识到了。"她表示赞同。

"那么现在应该是时候去追寻自己的理想了！"我鼓励她，"把理由抛掉！也和先生好好沟通一次。"

事实的真相一直在那里。是得到了结果？还是在搜集理由？这两种情况在同一个人身上不会并存。比如球赛输了的一方，在他们的更衣室里总能听到"裁判不公平"、"昨天没休息好"、"今天不在状态"之类的声音；而胜出的一方，什么理由都没有。

我很喜欢到世界各地给销售团队分享经验，而且会要求在那之前参加一次他们内部的销售会议。我发现无论在世界的哪一个角落，哪怕我一句外国话都听不懂，但所有销售会议都有一个同样的模式。他们会从汇报结果开始，从汇报时间的长短，就能判断这家公司和这个团队是否在健康运转。如果汇报简洁利索，通常就是好消息，大家做出了成绩；如果汇报冗长拖沓，可能就是遇到麻烦了——因为所有人都在长篇讲述为什么没有达到目标的理由。

一个对结果负责任的人，很快能分辨现实和空想。他对周边人意见的吸纳，也是基于对结果的判断，在他看来，"希望"、"想要"、"因为"、"由于"，这些都永远不会告诉你真相。如果你说你想要一段美满的婚姻，你有吗？如果你说要得到名校学位，你有吗？如果你说要赚一千万，你有吗？当我这样问的时候，也只会得到两种情形——已经有了结果，或者有一堆解释为什么没能成功的理由。

和"结果"建立友好和诚实的关系，会给你带来实现更好人生的强大力量。所以现在问问自己，就目前的结果而言，你过得如何？

23

不存在"希望"这回事

"电话响了,我不开心。这不是我想要被唤醒的方式。最好有个当红的法国影星,能在下午两点半的时候在我耳边轻语,提醒我如果想要准时到瑞典领诺贝尔文学奖,最好现在就起来用餐。显然这只是幻想,而非现实。"

——美国作家 弗兰·勒波维茨(Fran Lebowitz)

或多或少,我们都会对各种状况抱有"希望"或"愿望"。"我希望"三个字总会在不知不觉中让人把想做的事推到脑后,一直拖延着,却没感到内疚。同时还能在有意无意间避开失败和暴露问题的风险,柔软地使人缴械投降,诱惑着我们呆在"安全舒适"的领域,没有踏出寸步。也就是说,"我希望"往往会代替"我改变"。

我常爱说,"希望"并不存在。不要误会,并不是说人不能有追求更美好的将来和世界的愿望。事实上,乐观的态度对人类的存在和发展非常重要。在这里我说的"希望",指的是一厢情愿而不实际行动的幻想。如果你真的有不得不完成的重大使命,那么最好能在人生字典里删除"我希望"这三个字。

常把一厢情愿的"希望"挂在嘴边,最终只会一事无成。大多数人只是拿它来代替冒险、努力和决心而已。所以"希望"成了我们最大的障碍。我也希望明天一觉醒来就发现有辆奔驰在车库里。这不是不可能,当然前提是我为此而采取了行动,付出了努力或代价,而纯粹的幻想永远成不了现实。

也许你正在努力"尝试"

跟"希望"一样，"尝试"也是另一个必须在卓越者的人生词典里删除的词语。"我会尝试"只是一个借口，像是给自己开了一道后门，以防事情不尽如人意。有了"尝试"这个挡箭牌，就可以不百分之百全力以赴，就可以在事情变得困难时停下来。毕竟，你"尝试"过了，这就是你所能做的一切了，何况你从没承诺过要达到结果。

想想非常经典的爱迪生和灯泡的故事。如果爱迪生也是在"尝试"发明电灯泡，他应该很快就会放弃。但他经历了成千上万次的失败后，终于点亮了光明！因为他不是"尝试"着在做，他是承诺要用尽一切方法把目标实现。

对了，在看书的时候，顺手来做个简单的练习吧。很简单，就是从桌子上拿起一支笔。好的，现在你拿起来了吗？你拿起来了，你不是在"尝试"，而是真的行动了。请透过这个小得不能再小的事来体会下这两者之间的巨大差异。

稍微留心观察就能听出当身边有人说他会尝试的时候，其实是在为可能没法完成的事预先埋伏一个借口。举个例子，当你急用一批宣传资料，印刷厂告诉你说他们会"尝试"的，你会觉得妥当吗？又或者当你在挑战攀岩，你请在上头的同伴给你扔下多一些的绳子，如果他回答你说"好，我尽量试试"，你心里会觉得有底吗？……

绝大多数人脑子里"尝试"的念头其实是无意识的，但绝对是可被捕捉的。如果有人能做到把无意识的"尝试"和"希望"的念想抓住，并删除它们，那么这个人他会惊讶地发现原本觉得很难或模糊的事情很快就完成了！好像整个过程并没有想象中那样难或不可实现。显然这个人是幸运的，因为他的生活会因此变得更积极正面、顺畅有效。

其实选择的权力一直在我们自己的手里，你可以成为一个"实践者"，也可以还是原来的那个"尝试者"或"希望者"。前者会拿到结果，后者常守着理由。

24

重新定义成功

"谁说平凡的人就不能挑战伟大的事？即使明知道会在路的终点撞见不怀好意埋伏的失败，这本身已经是胜利者的荣耀。远比活在既没有起也没有落、既没有成也没有败、既没有享受的喜悦也没有遗憾的焦灼的灰暗世界里要好得多。"

——前美国总统　西奥多·罗斯福（Theodore Roosevelt）

　　这本书的英文版出版人彼得·舍伍德（Peter Sherwood）有个朋友从小就是理想主义者，在 1998 年 2 月份，那位朋友开始着手实现一个 17 岁以来的心愿。他曾读过一个让人兴奋的故事，讲述 1916 年著名英国南极探险家欧内斯特·沙克尔顿爵士（Ernest Shackleton）从南极洲出发进军遥远南乔治亚岛的远洋探险传奇。这里头还有主人公奇迹般穿越岛屿营救被困在 800 英里外荒地里的船员同伴的感人故事。

　　在沙克尔顿历史性的探险之前，这个岛还从未被征服过，即使是在他之后，也只有极少数的探险家延续了他的足迹。经过 35 年的酝酿和等待，彼得的朋友终于成功组建一支和他一样富有热情的探险小组，在一名经验丰富的南极及喜马拉雅登山向导——戴夫·哈恩（Dave Hahn）的带领下向梦想出发。这位向导曾因在珠峰发现了失踪于 1924 年的传奇登山者乔治·雷·马洛里（George Leigh Mallory）的遗体而受到媒体的关注。这次前往南乔治亚岛的旅程也同样不平凡，小组整整一个礼拜都在和飓风及遮天蔽日的暴风雪作战，立志要跟随沙克尔顿的足迹，征服脚下的大地。可惜的是，最终由于物资供给的短缺，他们转向计划外的最短路线，并以救援船的接应为此次探险画上了句点。

当领队哈恩宣布他们不得不放弃原计划时，其中一位队员变得非常不满，他说："难道我们大老远来这里就是为了失败？！"对此，哈恩显得非常镇定，他笑着对这位愤慨的队员说："嘿，兄弟，对这一点，我和你一样觉得很失望。必须看到事实上我们已经做了所有能做的事。要在这种能见度和裂缝遍布的冰川上不带任何食物和燃料往前走，只是自寻死路。如果我们整个队都遇上了麻烦，将没有救援，没有直升机，什么都没有。所以我想这个决定不容争议。但我能为你做的，就是请你尝试着改变一下你对成功的定义。"

根本就没有"失败"这回事

上面这个故事很好地印证了我想表达的观点——根本就没有"失败"这回事，唯一有的是"结果"，所谓的失败只是我们所选择的对客观结果的判断而已。"结果"是可以让人从中获益的，重要的不是你对成功或失败的定义，而是过程中最真实的体验，以及你如何"翻译"和解读整个过程和结果。

如果那位愤愤不平的登山者能静下心来想一想，他就能清楚地意识到，其实他们所追随的传奇英雄沙克尔顿也没能达到原来的目标。对大多数人来说，就是所谓的失败。然而，这并不能掩盖沙克尔顿这段史诗般旅程的光辉和其在全球获得的领袖赞誉。英国小说家拉迪亚德·吉卜林（Rudyard Kipling）在《假如》（If）里有句话读起来相当有意思："假如你同时遇到了胜利和失败，请对这两个骗子保持同等的态度。"

人类社会的文化很容易就会给一个人或一件事贴上成功或失败的标签。我一直都很想知道在波士顿马拉松赛里唯一的冠军和其余58000位参赛者对此的感受。很难想像这里头会有任何一个参赛者会把自己看成失败者。相信对他们来说，好好地跑完这场比赛而不留遗憾就是他们的成功，能一步步向终点线靠近哪怕已经累到迈不开双脚，就是赢家。对他们而言，最使人陶醉并珍惜的就是那么多参赛者和志愿者共同营造的充满支持和嘉许的盛况。在我看来，这些人都是胜利者，他们肯定也是这样自豪地看待自己的。

在韦恩·W·戴尔博士（Wayne W. Dyer）的书《弹拨你自己的琴弦》（*Pulling Your Own Strings*）里，他说："你并不需要通过战胜他人来获得掌控的满足感，讽刺的是，恰恰只有失败者才需要胜利。对他们来说，赢才能带来快感，而赢就是要打败别人。如果一个人因为不能打败别人而不开心，那事实上，他已经被对方所控制。所谓奴隶，就是在心理上受制于人。当然，人有追求他认为的快乐的权利，只是我们必须清醒认识到，人生的本质和价值的内核，并不以此为基准。"

好人坏人？好熊坏熊？

举个小例子来说明人类为什么在很多方面甚至都没有一头熊来得聪明。

这是一个初春的早晨，在橙色阳光里渐渐苏醒的翠绿森林，正踏着大自然的节奏，开着繁星点点的粉色花朵，淌着叮叮当当的潺潺小溪。空气是那样清新凉爽，唤醒了正在树林深处冬眠的大灰熊。它先是慵懒地伸展着毛茸茸的身体，接着震响了第一声咆哮，最后睁开双眼环顾四周这片经过一个冬季沉睡后焕然一新的景象。当然，这个时候它满脑子里其实就只有一件事情，那就是找吃的。于是它来到一根树干前，闻闻嗅嗅，不久就找到了肥美的蚯蚓和昆虫。大餐一顿后，再转向第二根树干、第三根、第四根，就这样重复着同样的动作。当然很有可能在第三根和第四根树干里它找不到吃的，那么它就会漫步到小溪边，用硕大的爪子捉鱼。同样有可能捉到也有可能捉不到，对大灰熊来说，这些并没有什么区别。

但同样的情形，对人类来说就不同了。试想一下把我们放在大灰熊的处境里会怎样？我们也会拿起树干找吃的，找着了自然会暗喜成功；找不着，就会立刻定义刚才的动作为失败。所以同样是拿起树干这个动作，对大灰熊来说是一样的，但在我们这儿，就有了成功和失败之分。

"拿起树干"这个动作都会被人类赋予意义和象征，更何况日常生活里的其他行为和事件。从还是孩子的时候开始，我们就懂得了当在某件事上"成功"时，就代表我们是"好"的，好人可以得到什么？当然是让人眼红的回报和奖励。当我们没得到"成功"，别人就会说我们"失败"了，我们被自动归类为"坏"，而坏人会受到惩罚。

显然，在大灰熊的世界里就没有这样的规则。对它们来说，没有成功也没有失败。它们只会在树林里找东西吃，找到了就吃，找不到就继续。这些行为本身并没有被赋予特殊的意义。那为什么我们人类要发明"好"和"坏"、"成功"和"失败"的标签呢？既然这些标签是咱们发明的，那人类是不是也可以有能力让自己醒过来，更理智和洒脱地选择活出一份源自内心体验的健康和充实呢？这个名为成功和失败的游戏，我们已经玩了太久，是改变的时候了。——当然，还是那句话，简单的事情要做到，并没有那么容易。

25

爱你所犯的错

> "我们宁可毁灭也不愿改变；
>
> 宁可跌入恐惧的深渊，
>
> 也不愿剪断绑在身上扯着我们下坠的幻觉石块。"
>
> ——现代诗坛名家 奥登（W. H. Auden）

　　成功和失败的界线黑白分明，我们从小就被灌输了这一点。后来上了学校，就更加被卷进各种贴着成败标签的游戏里。在那里，界线被一再强化，我们永远都在找寻"正确"的答案，只有那些知道"正确"答案的孩子，才有底气举起手来回答老师的问题。而无法接纳"失败"的信念，一直伴随着绝大多数人长大。在眼下的职场中，在大企业的管理层，也经常能看到负责某一部门的经理一般都不会轻易作出重大承诺，除非他们确定所说、所做、所选的是"正确"的。

　　苏格兰文学家罗伯特·路易斯·斯蒂文森（Robert Louis Stevenson）说："请给我一个有足够智慧，智慧到能让自己出丑的年轻人。"如果你完全没有出丑的准备，就意味着你正在玩一个"安全"的游戏，躲在众人视线的背后，在影子里渐渐暗淡了可贵的想象力和创造力，一味重复别人想听想看的话。

　　科学是推动人类社会进步的强大引擎，而所有科学实验都是从犯错开始的——先找出有什么是行不通的，就能找到行得通的方法。我写这段文字的时候正好在飞机上，如果当初莱特兄弟要是也怕犯错，那么这会儿我们这些去国外出差的人坐的就该是热气球，而不是飞机了。

事实上，生活里的错误也很寻常，需要我们正面接纳地去看待。以小孩学走路为例，没人会因为孩子在学走路时跌倒而批评指责说这是错的。跌倒只是学习的一个过程而已。试想在职场工作，如果每个人都只是安安全全、避免一切风险地想在公司或同事面前没有闪失，那么组织的效能一定起不来，更不用说组织里每个人的专业成长和个人满足感的获得。同时，这种不求有功但求无过的念头会严重扼杀稀有的创意和灵感（灵感往往一开始只是来自于看似荒谬幼稚的想法）。一家正处于上升期的公司，定会无比看重团队的创造力，因为公司的成长需要被大量源源不断的新思维和新能量灌溉。也只有这样，团队才会感到被重视，喜欢上这份事业和工作氛围，为自己的创意和贡献而生发自豪。

道理就是这样简单，当然，要打破根深蒂固的信念，谈何容易！我记得刚到日本的时候，为了更融入当地生活和给事业加分加速，我急需学好日语。而学语言的第一大障碍就是怕犯错、怕出丑。很遗憾我的日语到现在都还不是很流利。

再说说我一位朋友的小儿子。一天他放学回家后显得十分沮丧，因为当天科学测试他只得了12分（满分20）。他告诉爸爸他做错了8道题，而同桌都做对了得了满分。我这个朋友很有智慧，他问儿子，同桌小朋友在这次考试里学到了什么。儿子想了想说："没什么。""那你呢？你学到了什么？"爸爸追问。儿子抬起头笑着说："我学到了8样新东西。"

在我们所处的世界里，每件事的朝前进展，都是直接或间接来自无数个大大小小的错误，正是从这些错误中汲取的养分，滋养了现在的成果。没有错失就没有进步！可惜大多数人不这么想，我们仍把错误看成尴尬甚至罪恶。其实，如果你犯了错（非恶意），那只能代表你正在尝试全新的事物，在冒险和挑战自己的能力界限，在主动跳出"舒适领域"，这不是成长和学习是什么？而我们的生命本身，也正是一场旅行、体验和经历，而非终点。

别裹在"完美"里

很多人穷其一生在追求完美，现实生活里，我们眼中的完美往往只是不可实现的想象和美好期望。当然，这也要看每个人对完美的不同定义和标准。试着回想一下自己的生活，在追求完美的过程中，是不是曾在不经意间给你设下了框框和限制？因为不能接受把"涂料"溅洒到画框外，人会很小心地挥动手中的画笔，会尽力避免冒险、犯错和任何导致不完美的"败笔"或瑕疵——总之必须要很小心。这样的限制在长远看来，后果会很严重！必须引起足够重视。因为我们会在不经意间错过太多新的、值得尝试和"逾越"的创新边界，以及边界外的无限可能性！

如果我是个完美主义者，我绝对不会在45岁的年纪才开始学滑雪。整个滑雪场简直就是我的个人出丑表演秀！别人会看到我以各种东倒西歪的姿势摔在雪地里，直到今天我也能很自豪地说，我能稳居滑雪场"最差劲选手"排行榜首。但重要的是我爬上了阿斯彭山堆满厚厚白雪的斜坡，拿起了滑雪板和手杖。

假设一个高尔夫球员，挥每一杆前都必须确保打出完美弧线，否则就不开始，那么这个比赛不知道要持续到什么时候。虽然我不太懂规则，但要连续18洞完美，简直就是奇迹。如果我们要确定一切都完美就绪了才开始一项计划，那么计划永远只停留在计划。追求完美意味着我们只着手做已经擅长的事，可即使再擅长，整个过程也避免不了不可控因素和变量，苛求完美，只会平添挫败和沮丧。即使做到了，按照完美主义者的习惯，一定会立刻条件反射地继续提高标准，开始新的循环。

表面上看，追求完美能让自己因持续保持最佳水平的表现而感觉良好；事实上在潜意识层面，事情极有可能正朝着相反方向进行。为什么人要追求不可能达成的高难度目标？因为当事情不能达成时，就恰恰印证了一直以来植在很多人内心的信念——"我还不够好"。每一次失望都在加固这个信念，直到我们确定自己是对的。

完美主义者的另一个版本是这样的："既然做不到完美，那为什么要去做呢？"这游戏是极佳的绕开新尝试、新冒险和新改变的避风港，带来了太多"好处"。是的，你并不完美，那又如何？每个人都不完美，就像万有引力一样无处不在。地球上每个人都有自己的愚笨和固执，我们需要和这个"自己"和谐相处，因为无论如何，此生他都不会离开。

被牵制在原地的人：

－ 被各种理由团团围住；
－ "我希望"和"我试试"成为口头禅，也仅仅停留在此；
－ 对成败的理解显得狭隘。

一步一个脚印的前行者：

－ 专注成果，种下一个个里程碑；
－ 做、学、再做；
－ 相信人生是段旅程，学无止境。

26

拥抱改变？着实难……

"能在世上生存到最后的物种，
并不是最强壮的，也不是最有智力的，
而是最能适应改变和融入环境的。"
——英国生物学家、进化论奠基人　查尔斯·达尔文（Charles Darwin）

　　美国禅宗学者阿伦·瓦兹（Alan Watts）说过一段相当有哲理的话："给某件事下一成不变的定义就等于将其扼杀，就像风如果停下了脚步，哪怕只是短短一秒钟，也就不再是风了。人生也如此，变幻才是永恒。我们不能召唤回过去的时间，或停留在已经翻篇的感官里。一旦一切都静止了，就没有了生命力可言。那里头并非真相，也没有愉悦。"

　　我们所处的整个宇宙都在瞬息万变的状态中，所以照理说，作为进化得如此精妙的人类，自然会欣赏这一宇宙的瑰丽真理，毕竟我们也是变化的产物。然而看看现实生活里的人，好像大家都不喜欢意料外的改变，因为那会带来毫无防备的风险和种种不适，意味着要在毫无准备的情况下跳进完全未知的领域。即使是那些以挑战和突破为追求并因此而成就非凡的人，在踏出第一步的时候，也得卯足了勇气——第一步往往最难迈开。

　　为了避免那些可能会触及到生命深处的"天外来客"，我们宁可活在自己挖掘的洞穴里，暗无天日。为什么？为什么我们要待在明知不能久留的地方，或徘徊在随时有可能坍塌的悬崖边？人类虽如此智慧，但同时也没少违背最浅显的情理。

答案很简单：要做几个转身的动作并不难，难的是先要坚定转身的念想。前面聊过，有时人会极端到宁死也不放弃自己坚持的东西，哪怕坚持的是束缚或磨挤的鞋。历史再清楚不过地证明了这个世上任何一个角落都有人可以为了大如信仰、小如琐事，甚至自相矛盾的理由而献祭生命！无数人为他们所坚信的"正义"揭竿起义，牺牲在了原本以倡导爱为核心价值观的宗教战役中（犹太教、伊斯兰教、基督教、印度教……）。其实这些我们紧紧抱着的信念，只不过是曾经在路边拣来的枝干而已，不代表他们可以或合适成为我们理想人生的必备条件，除非被我们冠以其生死攸关的重要性。

所以，如果你想要为理想人生作更积极的改变，那么最好有舍弃的觉悟。太多信念被你抱在手里已经太久了，有些你甚至已经回忆不起来当初为什么要拾起。但有一点绝对是无可辩驳的真理——你是系铃的人，解铃人也一定只能是你。当然，这就又回到了我们一直在讲的话：简单，却没那么容易做到。

27

向往"天堂"，却没人愿意"死亡"

> "快乐能够激发身体的能量，
> 但只有悲伤才能增强灵魂和心灵的韧劲！"
>
> ——法国小说家 马塞尔·普鲁斯特（Marcel Proust）

当"改变"来的时候，人是有明显感受的。因为那会带来不舒服甚至痛苦。如果我们愿意回头看就会发现，好多对人生有着重大意义的事件都是随着"改变"而来的。各地文明的神话里也充满了各路英雄，他们因忍耐了常人无法体会的终极拷问，而获得了至高的智慧与洞见。

改变是痛苦的，这也是现实的本来模样。因此人们才会选择避开通往生命乐土的通途，留在过去的泥沼里。是啊，既然改变会带来痛苦，那为什么要自寻烦恼呢？我们很下意识地就会绕开眼前的障碍，其实只要翻过去了，就能看到另一番风景。这就再一次回到了我们之前抛出的问题：是选择面对暂时的痛苦换来长期的快乐？还是停留在短暂的快乐中，而被永久的阴霾笼罩未来的路？

以下是英国记者马尔科姆·马格里奇（Malcolm Muggeridge）的文字：

"生命充满了微妙而又神奇的悖论。如今当我回看过去那些凄苦的经历，心里升起的是满足和慰藉。我已经在这个世上待了75年，事实上所有那些带来启发和点亮我人生的事件，都是伴随着苦难而来的礼物，而不是快乐的赠品。如果世上真有药物可以帮人类彻底驱走痛苦，那我想，会被同时抽走消失不见的，一定还有人生最珍贵的喜悦和精彩……"

所有生物都有趋利避害的本性，所以没人会喜欢痛苦和折磨。不过请再仔细想想，你的过去有没有发生过重大的创伤，但却恰恰为你拨开了人生的新篇章？你有没有碰到过恐惧不安，但同时给了你思考和尝试新事物的机会？当我们说到爱人的离世、身体的残缺、事业的失败，这些光是听着就入骨三分的痛楚，但也恰恰是它们，给了很多人"重生"的机会。

这真是一个特别有意思的规律——安逸和享受的沃土竟然开不出生命最美的花！如果你我可以重新构建和设计这个世界的游戏规则，假如一切可以推翻重来，我想很多人都会幻想着每次从热带天堂度假回来，都能装上满满一行李箱的哲理和智慧。只是，极有可能翻开这本"人生哲理百科全书"的第一页，就会赫然看到"人生的体悟来自不寻常的苦难"这一行字。所以我们需要面对和接纳的结论就是：假如命运给了我一记响亮的耳光，那正是成长和突破的信号。

然而，因为人性使然，我们会倾向于逃避和抗拒痛苦，而不是拥抱和浸入体会。所以几乎所有成年人都会从过去带来很多遗留和未淡化的伤痕。治愈的第一步是明确能够近距离面对过去的意愿——面对、长谈、和解、放下、朝前。如果有人非得背负着过去前行，或寻求酒精、工作等的麻痹，结果只能是耗尽一生浸泡在慢性的病痛里无法自拔。

现实生活的经历告诉我们，即使是极少量的痛苦，时间久了，一年年累积下来，也会让人难以忍受和崩溃。著名心理学家维克多·弗兰克尔（Viktor Frankl）在《活出生命的意义》（*Man's Search for Meaning*）里写道：

"人所承受和遭遇的痛楚，和气体是一样的。当一定体积的气体灌进密闭的房间，无论面积多大，气体都会充满整个空间，渗入每个角落。痛楚和气体一样，当它来临的时候，也会瞬间占据和覆满我们的意识和感官。这和痛楚的多少无关，是一种相对的状态。"

　　每个成年人都有选择是否要面对过去的权利。就算是看上去很健全成功的人，他们后背上也背着一个装满内疚、羞愧、懊悔的背包。这些都是在整个人生心灵代谢的过程中自然累积而来的，它们让我们的步伐变得沉重。所幸我们始终都有得选择：是忍受一生的微痛和麻木？还是停下任何形式的逃避，彻底和过去来个清算？我曾见过太多选择后者的人，他们无不获得了一双全新看待世界的眼睛，他们的人生就此自由和轻盈！

抗拒改变的人：

— 害怕改变，如临大敌；
— 宁死也要证明自己是对的，无关结果；
— 麻醉于眼前短暂的愉悦，即使代价是永恒的痛苦。

拥抱新生的人：

— 拥抱变化，在人生河流中坦然起落；
— 定期检视阻碍自身前行的障碍；
— 能忍受眼前短暂的痛苦，只要他们能看到喜悦的彼岸。

28

翻转人生

> "数字高手能创建整个国家的生产统计数据，
> 能对各类事物价格了如指掌，但无法评估其真实价值。"
> ——美国二战摄影师 韦恩·米勒（Wayne Muller）
> 《福布斯杂志》（Forbes Magazine）

我们之所以这么努力工作，绝不只是为了一堆现金，而是相信钱会带来人生所需的安全感、自由、社会地位、尊重和权力、自尊和自信、成功、友情、浪漫，当然还有更多可支配的时间。

先来看看钱是什么？其实那只是沾满细菌印着人像的一张纸而已，本身根本毫无价值和用处，连拿来点火也不经烧。它只是价值交换的货币符号而已。钱既可以成为人生的助力，也会成为障碍。这又是一个基于不同人不同信念的分水岭。在现代社会，受日渐膨胀的物质文化影响，人们会自动地把钱等同于快乐。我们每天的生活都被大量商业广告轰炸，它们无一不在说服我们消费就能带来满足和美好人生。

《时代》杂志曾引用运动员兼政治家比尔·布拉德利（Bill Bradley）的话："眼下道琼斯指数再创新高，但仅凭数字无法衡量所有事物的价值：人们的思想、心境；一个年轻姑娘的微笑；小伙子们言归于好的第一次握手；外婆对外孙的满心自豪以及一段美满的婚姻……"

演员罗伯特·肯尼迪（Robert Kennedy）早在1968的演说也有异曲同工之妙，他指出当时的国民生产总值超过了8000亿美元，但这数字并不可以衡量年轻一代的体格、教育的品质、生活的幸福指数；也不能衡量诗有多美、婚姻有多和谐、大学辩手多有才华及社会组织对正道的坚持和追求。总之，数字看似能测算一切，却唯独无法衡量人生的真谛。

钱并不等于人生体验

举个再常见不过的例子。我们经常会想：如果能拥有一辆全新的限量款奔驰，那一定会让我自信爆满！所有人都会尊重我、仰慕我；上司会提拔我，说不定还能找到一个性感的美女做女朋友。总之，就什么都有了。

真的会这样吗？让我们挑几个大家都关心的话题，逐一探讨。

1. 钱 = 安全感？

照理说如果有钱，就肯定会感到更安全和有保障，这是人之常情。但也有人会因为口袋里的钱越多却越没有安全感。他们会开始质疑身边围绕的一切——谁是真朋友？伴侣爱的是我的人还是钱？别人靠近我的时候在打什么算盘？我立刻就能想到一个典型的例子，就是亿万富豪霍华德·休斯（Howard Hughes），他就是终日担心别人会盯上他的财富，所以在离世前一年，都把自己关在拉斯维加斯一间酒店的顶楼，连窗户也不开。钱非但没给他安全感，还剥夺了他对世界最基本的信任。

2. 钱 = 自由？

有不少人会为了自由而拼命赚钱，可惜后来才发现钱越多越需要时间去管理，需要花更多精力去患得患失。于是富人们都在用保险箱来收藏他们的珠宝、存折和支票，家里甚至装上了军事级别的安保系统。真不知道这到底是自由了，还是被禁锢了？想想看，在我们人生中，曾经哪段时间才能算感受到了最大的自由？是当你有富有的时候吗？还是当你年少不知愁滋味，来去自如的时候？对很多人来说，拥有的越多，越成为了幸福的负担和自由的障碍。

3. 钱 = 地位?

钱能带来地位这一点，太多人对此坚信不疑了，但实际上并非如此。毒贩有钱，可每天都在逃避警察的追捕；明星有钱，所谓的地位也只是昙花一现；还有太多人闷声保财富，担心树大招风。畅销书《邻家的百万富翁》(*The Millionaire Next Door*) 讲述的就是一些超级富豪，却过着平民的生活，目的就是不想因为自己富有而招来社会的注意和觊觎。如果我请你说出世界上最有钱的 10 个人，恐怕有难度；但如果说换成 10 位最有社会地位和威望的人，那就太简单了。亚伯拉罕·林肯 (Abraham Lincoln) 总统并不富有，民族领袖马丁·路德·金 (Martin Luther King) 也不富有，但他们的号召力足以穿越时空。

4. 钱 = 尊重?

这一点就更加值得质疑了。不少富人以唯利是图出名，众多小说和文学作品都对此进行了批判。然而受世上亿万人爱戴的特蕾莎修女 (Mother Teresa)，她只不过是贫民区的一个住民而已。这并不是愤世嫉俗，非要说有钱就是过错，只是没有一个人可以单单因为有钱就获得尊重。

5. 钱 = 能力?

有些很有才华的人，他们并不富有；相对有些很富有的人，他们并没有太闪光的能力。圣雄甘地 (Mahatma Gandhi) 有足够的胆识、魄力和影响力，但他几乎身无分文。金钱不会自动等同于能力，这是两个不同的范畴。

6. 钱 = 自尊?

这东西还真的不能用钱买，不过仍然有很多人尝试论斤论两来称。自尊只能来自正直做人和做事，并因此而感到自豪、无愧。我们经常能在电视上听到某某某富豪自杀的新闻——自尊的前提是一个人对自己的完整接纳和认可，无法用钱来堆砌。

7. 钱 = 友谊?

金钱其实会削弱和伤害友谊。那些在少年清贫时结识的朋友，能共患难却不能同富有。有时我们发心单纯的慷慨，难免会被解读成施舍，或因表达不当而伤害了老朋友的自尊心。而那些在功成名就时认识的朋友，谁都不能保证，在我们变得一穷二白时，他们不会离开、散去。

8. 钱 = 爱?

会有吗？或许在灯红酒绿下的风月场所，会把钱演绎成爱，混淆在了酒精和欲望里……

总之，金钱只是一个符号，它不能替代人生中的种种珍贵体验。和钱保持一种健康和谐相处的关系，需要智慧；也只有智慧本身，才能衍生我们需要的快乐、安全、自由、满足、愉悦；又或许，这些我们早就有了，一直在身体里头，而不是外头的竞争和喧嚣里。

永不满足，所以世上车轮才是圆的

强烈的自由选择意志划清了我们与动物的界线——人类永不满足！千万年来进化的不只是躯体机能，随之充盈的还有欲望。最开始的时候，我们只不过是想要一处能不被日晒雨淋的落脚地，可以安身立命、打猎、充饥、繁衍；后来我们对饱一顿饥一顿的打猎不满足了，于是就有了春耕秋收的农业繁荣；再后来我们不再满足于住在阴暗的山洞里，于是建起了房屋、村庄、小镇、都市。一次次的"不满足"让生存变得越来越容易、生活越来越舒适，直到翻越轰轰烈烈的工业革命走到如今的知识智能时代。同时医疗技术的发达，也历史性地延长了人类作为生命体得以在世上存在的寿命和年轻期。

这样看来，不满足是一份礼物，推动着我们不断找寻更好的方法。我们不满足被地面困住，想飞，于是飞起来了，现在头顶每秒钟都有飞机在忙碌穿梭；我们想要更快，于是电脑和网络一代快过一代，畅通无阻；人类的脚步又进一步跨出了地球，登上月亮，探索外太空。

细想一下，我们看似在追求满足感，但"满足"两个字根本就没在人类的字典里出现过。当然这是好消息，如果停滞于现状，那么到现在我们都有可能还推着四四方方的轮子，载着拼凑成的颠簸木板到处迁徙。

那是不是意味着人永远不能得到快乐？这倒不是，只是需要在了解自身特质的基础上，明白当我们爬到山顶后，下一步就会去找另一个山顶。当人完全接受这部分天性特征时，就可以找出让自己快乐的方法。

被驾驭的人：

— 相信有足够的钱就能得到快乐；
— 以为追求物质和表象就能获得期望中的体验；
— 把"不满足"解读为压力和不快乐。

引领现状的人：

— 很清楚金钱只是衡量人生成果的其中一个刻度而已；
— 专注创造想要的体验；
— 看到"不满足"可以成为创意创新的推动力。

29

你想要更快乐

如果你问别人，在生命里真正想要的东西是什么，大部分人会回答："我想要更快乐一些。"这句话的意思究竟是什么呢？为什么看上去只有少数人才可以找得着？

首先，快乐是一种情绪，它会来也会走，只会短暂停留。这就是为什么那些追寻快乐的人会永不止步。只要明白这一点，就不会想要去找它或留它。

而另一个词——喜悦，就完全不同了。有可能短暂的外在环境会让人感到伤心和沮丧，但人生的根基是喜悦的，或者说活着本身就是一种喜悦。

"快乐"和"喜悦"这两个词常在日常生活里被混淆着用，实际上这是两种完全不同的体验，产生自截然不同的源头，值得我们琢磨并充分融入生活。

如果把生命看作一块可以种植的沃土，喜悦就是土地；土地上生长着青草，有些青草叫快乐，有些叫痛苦，也有些叫做悲伤或失望。无论叫什么，它们都不会永远长在那里，会发芽、生长、凋谢、分解，但这块名为喜悦的土地则会一直存在。

所以快乐是短暂的，花高代价去追求一个原本就短暂的东西，注定会是场以失败告终的游戏。

快乐和世界经济

你可能已经知道金钱不能买到快乐，甚至已经领略到一句老话的意味："最好的东西总是免费的"。但可惜这不会放缓人们匆匆追求物质的步伐，仍尝试投掷大把银子来买心中所想。在现代社会的快节奏生活里，要进入内心去观察和体悟，变得越来越困难。我们总觉得答案永远在外边，被包裹在一个个待拆的礼品盒里，这也是为什么当心情不好或好的时候，男男女女都会上街购物，一掷千金。

当我情绪低落和沮丧的时候，可能会去买一套新衣服、一部新车、一套新高尔夫球具；或者去远方旅行、在高档的地方吃晚餐或品酒；还要一堆的鲜花、珠宝、香槟，这些都是常见的调味和点缀。就算某个人他意识到了要开始审视内心世界，这条审视的路，也是由花钱买书、上课、参加训练班或心灵探索之旅来打通的。

到了问答时间，请猜猜以下这句话的出处：

"金钱可以用作世界性的护照，去任何地方，除了天堂；金钱也是世界各地货品的供应商，可以供应所有东西，但除了快乐。"

也许你第一反应会猜这句话来自某个教会领袖，或者古希腊哲学家，又可能是某位伟大的东方大师。答案是：以上猜想都不对。它是赫然被刊登在财神庙《华尔街日报》上的一段文字。

快来买！否则世界就完蛋了

全球经济的繁荣，几乎全基于人们的购物态度和长期的大量消费，当这一切停止的时候，经济就会陷入困境。全球最大的消费国家是美国，大量财富流向了一堆不必要的商品和服务，可以说美国人如此疯狂的消费习惯，在很大程度上为世界经济的繁荣景象贡献了力量。几乎所有国家为了生存或增长，都想开拓美国市场，于是消费习惯就由美国传向了世界各地。1998年日本出现经济紧缩下滑，之后八年仍然疲弱，甚至每况愈下，日本政府就开始派发现金券刺激国民购买商品——任何东西都行。

所以人类狂热地追求快乐，对全球经济发展影响甚远。数以亿计的人口，每年花上万亿美元去寻找快乐。就算我们嘴上常说金钱不能买到爱，但基于结果，大部分人还是相信了钱就是"万能的灵丹妙药"。只有到自己、家人或亲密的朋友患上了重病，我们才会切身感受到健康的珍贵。只是有句老话叫做"好了伤疤忘了疼"，重新恢复健康之后，很快我们又会追着消费和快乐的尾巴满天跑。

30

美元、英镑、人民币，然后呢？

"他总算是扭转了生活：曾经是悲惨加痛苦；现在只是郁闷加沮丧。"

——高尔夫球员 大卫·弗罗斯特（David Frost）

有千千万万个例子可以说明金钱不是所有问题的答案。曾经就有过不少中了彩票大奖却众叛亲离的痛心例子。世上最富有的女性克莉丝汀·奥纳西斯（Christina Onnasis），她的故事结局就十分令人惋惜：在35岁的大好年华，因为不能确定丈夫们和男朋友们是真心爱她还是爱她的钱，而陷入抑郁自杀身亡。我相信她真正需要的是东西是免费的，或者说是用多少金钱也买不到的——那就是对自己的爱和接纳。

如果我再多说几次"金钱买不到快乐"，可能就变得啰嗦和大唱陈腔滥调了。然而这个概念远比看上去要复杂，在过去几个世纪中，它一直都是哲学思想的关键元素。在科技发达的现代社会，也有大量科学研究数据表明，让人羡慕的名声、姣好的容貌这些都不是快乐、幸福、满足的充要条件。管理学家艾尔菲·科恩（Alfie Kohn）于1999年1月在《纽约时报》发表了一篇文章，明确指出研究人员已搜集大量数据，证明满足感不可以被标价出售：

"物质上的东西，拥有越多越会产生空虚感，以致于那些以金钱作为人生首要追求的人会长期陷入不同程度的精神紧张和沮丧之中，跟社会底层人士无异。从心理学角度来讲，那些一生只看重名和利的人，生活并不会过得更好；而那些着重发展良好亲密关系的人，会更对自身和社会有贡献。"

罗切斯特大学心理学教授理查德·瑞安博士（Dr. Richard Ryan）、蒂姆·凯斯博士（Dr. Tim Kasser）和伊利诺伊诺克斯学院心理学助理教授，联合提出了更犀利的论点。1993年来发表在当时业内领先的心理学期刊上的三份研究给人们描绘了一幅鲜明"财富信徒"的画像。这些人不单比其他人更容易陷入沮丧，还存在着行为上的诸多问题，健康状况也堪忧。

"越想追求物质满足，就越难找得到。实际上从心理学上来看，富裕对人没有多大帮助，甚至具有破坏性。在任何文化里，富裕都不是终极答案。问题的根源是生命的焦点到底在哪里。"

同一班底的研究员做了另一个研究，发现大学生如果更看重外表、名誉、金钱等，一般都会比较软弱和自我否定。渴慕富裕生活的人，他的人际关系一般也会比较短暂，更容易沾染上沉溺电视、抽烟、喝酒甚至吸毒的习惯。相反那些不太着重外在目标的学生，以上情况出现较少。

文章同时引用了亚利桑那大学艾瑞克·林德弗莱施博士（Dr. Aric Rindfleisch）和罗格斯大学詹姆斯·巴勒斯博士（Dr. James Burroughs）的话："当人越看重物质，他们就会越不开心。这种情形在有着良好人际或亲密关系的人身上会得到缓解甚至化解。"

但真正的坏消息是，根据瑞安和凯斯博士的研究，对于财富的执着追求，恰恰是亲密关系的最大杀手。

然而，疯狂在继续

尽管有这么多的实证，我们仍然花费巨款想使自己更开心。一切高科技的美容减肥品，就是瞄准了人们对外形的追求，认定了好看的外表就是自信的来源。还有那些让人眼花缭乱的整容技术、豪华游轮之旅、永远不开航的豪华游艇、毒品、酒精、抗抑郁药、赌博、贵重珠宝、短暂的婚姻、貂皮马桶坐垫、疯狂的彩票、烟草、电子产品……从生物学的角度来说，这些东西除了会造成污染以外，没有任何好处。

事实上，如果以上所列举的这些东西能带来幸福，我们就不必再如此费力寻找了。正因为不能，所以才必须继续。可惜路的尽头等着我们的是一个深不见底恶性循环的黑洞。这也是为什么会有这么多人参加我们的培训研讨会的原因，他们来的时候都带着一个目标——"我只想找到快乐"。问题在于，"寻找"意味着找到的都是些外在的东西，而答案并不在外面。

你真相信快乐很快会到来？

我们追寻快乐，因为相信它在外面的某个地方。但从来没人在外面找到过快乐。"或许我会是唯一找到的人……"于是，这样的想法驱使着我们继续朝前摸索。

曾经有个好朋友告诉我：

"当我还是个学生的时候身无分文但很开心。我看了希腊作家尼科斯·卡赞特扎吉斯（Nikos Kazantzakis）描绘的《希腊人佐巴》（*Zorba the Greek*），这本书让我欣喜若狂！当时我没钱，就住在希腊最贫穷的地方，却天天心花怒放，这份快乐甚至让我觉得对别人不公平。直到现在我还时常记起那段单纯美好的时光，同时感慨为什么现在快乐变得越来越复杂。特别渴望从前的简单可以重来！书里有句话说：简单朴实就是快乐。我到现在还记得，一壶酒、一捧烤栗子、一个破旧的小火盆，再加上大海的声音。所有这些都需要用心去感受，在心里找到的才是真正的快乐，而我品尝过。"

我们说过快乐的本质是情绪，所以快乐的回忆始终还是回忆，它不能重生。哲学家阿伦·瓦茨（Alan Watts）在其经典著作《禅宗精神》（*The Spirit of Zen*）中写道：

"如果我们突然发觉自己很快乐，于是就会想尽办法维持这份感受，这只会让它更快从指尖溜走。我们也曾尝试过给快乐下一个定义，这样在我们感到痛苦的时候，就可以沿着这个定义把它找回来。人们会想尽办法回到过去快乐的那个点，只是当我们回去的时候，发现那地方并不能点亮心里的光。因为过去就是过去，那里只有一尊遗像，没有生命。"

美国作家亨利·米勒（Henry Miller）在另一本关于希腊体验的书《希腊游记－马罗西的巨像》（*The Colossus of Maroussi*）里这样形容快乐：

"平淡的快乐就很不错；能知道自己此刻是快乐的也很好；看到、理解、明白自己为什么快乐还能继续从心底里笑出来，这个时候的快乐其实早已在你身体的细胞和心里，早已超越了快乐本身，而上升为幸福。"

如果说去到希腊一座小岛度假会让我们欣喜和期待，这只能说明快乐并不在希腊。它本来就不存在于外在的任何地方，或者我们心心念念的叫做"未来"的遥远某时、某地。

你会说：我知道这个道理。是的，我相信你"知道"，但你此刻真的活在当下由心而发的快乐里吗？你真的能把手心里的每一个瞬间都当做人生最后一刻来珍惜吗？你真的能做到心无旁骛，单纯和生命缠绵蜜月吗？

我也看中国作家的书，林语堂在《生活的艺术》里有段话读来甚有意思：

"在我看来，快乐问题大半是消化问题。我很想直说快乐问题大抵即大便问题，为保护我的人格和颜面起见，我得用一位美国大学校长做我的护身符。这位大学校长过去对每年的新生演说时，总要讲句极有智慧的话——我要你们记住两件事，读《圣经》和使大便通畅。他能说出这种话来，也可想见他是个多么贤明、多么和蔼的老人家啊！一个人大便通畅，就觉快乐，否则就会感到不快乐。"

接着林先生的话，也让我重申下我的观点：快乐是情绪，会来也会走；喜悦就不同，它是一种态度和选择；我可以选择以喜悦为底色生活，因为我活着；但我不会选择以快乐为追求，因为那不是人生的根基。

还有一个传统的数数法，可以启发我们看快乐的角度。去数一数在我们身上发生过的每一件值得感恩的事。首先你还活着，不是吗？这就是一个不错的开始。有一本厚厚的书叫做《14000件值得高兴的事》（ *14000 Things to be Happy About* ），其实还能再写上另外14000件事。只是你不需要这长长的14000或28000条清单，只要一条就够了——我选择拥抱喜悦，因为此刻我还活着。

人生只为快乐？

我们已经说过，问不同的人他们想要什么，通常会说：要快乐。但人生的目的就是要快乐吗？作家利奥·罗斯滕（Leo Rosten）就认为不是，他说：

"我不能相信人生的目的就是要快乐。我认为人生的目的是要被使用、负责任、被尊敬、有同情心。也就是要看重自己、珍惜时光、有立场、对世界有所贡献。"

有人会说这个说法太高尚了，可我对罗斯滕先生这番话深表赞赏。如果快乐只是唯一的目的，我们只会让自己掉进失望里，那里头什么都没有。

我在培训研讨会工作中接触了成千上万形形色色的人，一次又一次发现很多人都能从有担当、自豪感及人与人之间的关爱里找到人生的美好感觉。他们清楚体会到了主动走出去、付出贡献，以及良好信任的人际关系是多么可贵。相反，那些从被人服务或取悦中得到的短暂快感，就显得非常脆弱和不切实际。

把享乐留到明天?

很多人都活在一个地方，叫"明天"，听上去有点像迪士尼乐园那样让人向往。我们的社会也经常看重"明天"、"下周"、"明年"、或"下一个世纪"。"明天会更好"的口号已深入人心，也正是它在阻碍着我们当下的行动力。

最近一家大型投资公司做了段电视广告，在世界各地热播。广告里三个年轻人，在1956年的时候他们各拿着一万美元，其中两个去了欧洲，旅游享乐花费了大半；第三个把全部的钱投资到了事业中。广告结尾会看到两个去了欧洲的朋友，已成了穷困潦倒的六十岁老人，正在河边钓鱼；第三个朋友则春风得意，坐着自家的豪华游艇经过，引来羡慕的眼光。最后字幕写着——当然，Fred和Joe（在码头上的两位老人）仍然拥有他们的回忆……"

这段广告的隐含假设是两个钓鱼的朋友没有在游艇上第三个朋友那么享受。这是社会文化所强烈推崇的另一个讯息：物质财富就等于快乐。它同时提出了另一个问题：为什么不和朋友共享成果？不过这是另一个话题了。

假设我们也坐着游艇经过Fred和Joe身边，看到他们又老又穷地以钓鱼为生，或许也会认同享乐其实是属于明天的。结果就是，我们永远得不到那追寻的"明天"，因为当那一天来到了，我们仍然会想要继续努力超越"今天"。

永远不会比"现在"更好

另一个啤酒的电视广告做得不错。一帮男人围着篝火，在一天辛苦劳作后聚会。其中一人开了一瓶啤酒，高举说："世上再没有比这个更好的了！"多么智慧的广告！说的绝不只是那瓶啤酒。真的再也没有比这个更好的了，不会有，永远都不会——因为昨天已过，明天未至，现在、此刻，就是我们的所有。

可很多人的生活像梦游，不妨在早高峰的时候观察下身边的人。你能看到没几个一大早就神采奕奕、充满热情活力的人。大多数人脸上写满了疲倦和无奈，像梦游一样去公司上班，再梦游一样回家，机械地重复着 24 小时。

如果要你彻底隔离过去、不看未来，你会突然发现他们其实本来就不存在，手里只留下孤零零的"现在"。真的是这样吗？不，就连这都不一定。一百多年前，美国心理学之父威廉·詹姆斯（William James）就指出我们实际上什么都没有：

"你可以找任何一个人来尝试捕捉当下这一刻的影子。于是最令人费解的事情发生了——当下在哪里？在现在吗？刚这样一想，它就在我们手里融化了，远在我们可以捕捉到它之前就消失了……"

是的，"过去"和"未来"都不存在，而"现在"也转瞬即逝。所以你可能会意识到我们需要为此时此刻存在于世的奇迹而感到感激和自豪。而在日常生活里，太多人还活在为琐事生气抱怨的泥潭里：那个服务生态度太差了；老公又没把马桶盖放下来；最近的天气实在是让人抓狂……

多年前我曾碰到过一位非常让人"恼火"的接待员。那天天气超差，我到她办公室时已经全身湿透，狼狈不堪。而她却很高兴，当我走过她身边时，她对我说："嗨，罗伯特先生！你来了？你看你那强健有力的气息和气势，哈哈我也是呢！真高兴。而且你不觉得今天的天气也超好吗？"我或许要坚持认定那天的天气不好，但这几句话，是一道阳光。

无论遇上什么天气，阴晴雨雪，都是自然的常态。人生也如此，此刻和当下的就是最好的。你问我凭什么这样肯定？很简单啊，因为"未来"还未出现，"过去"已经走了，所以"现在"的就一定是最好的。因为你只有现在，没有其他。即使你不相信这个说法，也请尝试着以只有"现在"的心态去生活，定会发现所拥有的一切都变得弥足珍贵和美好神圣。

脚下无根的人：

— 一心以捕捉快乐为人生目标；
— 仍然相信钱会让他们快乐；
— 把人生的喜悦无止境推迟到"明天"。

活在当下的人：

— 明白快乐只不过是种情绪，会来也会走；
— 理解真正的喜悦就是简单地活着；
— 与金钱有良好的关系，无论多少；
— 相信眼下这一刻就是最好的，就是自己的生命。

31

一切爱的源头

"在我们做出的所有人生判断中，没有一个比判断我们自己更重要。"

——美国心理治疗师及作家

纳撒尼尔·布兰登（Nathaniel Branden）

《自尊的六大支柱》（The Six Pillars of Self-Esteem）

纳撒尼尔·布兰登（Nathaniel Brande）博士是在自我认知领域受一致认可的国际权威专家。他提出，深刻的自卑感给人生带来的负面影响是极其可怕的。一个人要想建立自我尊荣和存在感，源自内心的100%自爱是第一步。他相信，这份热爱是一切伟大美德的源头，是人生其余六大支柱的原动力，即不可或缺的第七支柱。

就像美国歌手惠特妮·休斯顿（Whitney Houston）在《最伟大的爱》（Greatest Love of All）里唱的那样：

"因为我已经找到了全世界最伟大的爱，所以我全身的每一个细胞都能感觉到她；她已经和我形影不离，一直在我耳边轻语要如何更好地爱自己。"

这是一首能唱到人内心深处的好歌，更像是一段和内在的对话。在对话里，我们看到了埋在砂砾里的人类闪光的自我尊荣。作为伟大的生命体，从出生的那一刻起，我们就有权利自豪地活在这世上！

有一个普遍的误解，认为自爱就等同于自负或自恋式的自我陶醉。这个误解的前提是我们假设了人人都需要讨好别人，或需要想方设法让身边人喜欢自己。实际上真实的社交规则是恰恰相反的。真正的自爱，不需要讨好任何人，不需要饥渴难耐地到处索取别人的接纳——我们敞开怀抱接纳他人的接纳，但我们不一定需要它来存活或因此方能心安理得。

尊重自己、源于自爱而行动，和为了保持在别人眼中的形象而行动，这两者之间有本质差别。事实上，由钱币、豪车、贵人堆砌起来的"形象"正是爱之源泉干涸的直接映照。布兰登博士再一次强调：

"人们总在不可能找到自我尊荣的地方反复转悠。诸如觉察、责任、意志、人格这些指示沙漠绿洲所在的真正线索却一再被我们忽视，转而一路俯拾那些名为名声、物质、贵族圈层、政治地位的砂砾。"

自然，这些都是行不通的。人一旦把自己看做无价值、不值得被爱的附属品，那么再多的外在知名度和权力都填补不了其内心的黑洞。只能期待在未来的某一天，在某种命定的契机下，我能突然意识到自身被爱的价值并不在于拥有或做过什么，也不在于全世界的人怎么标价，而在于自己对自己无条件的爱。

你是否丢弃了与生俱来的"贵族权"？

自爱是一种最自然和原始的状态。如果过去的经历已经带给你太多痛苦和损耗，那么请花点时间去找一个只有两岁大的小孩并试着和他静静相处。在他身上，你会看到曾经的你我：充满活力、义无返顾往前冲的力量、无杂质的信任、100%地活在当下、乐开花的嘴角、无条件的自爱。

从来没有一个孩子，会一生下来就沉溺在自怜自卑中。是成长过程中的各种批评、指责、否定、质疑，使得原本美丽纯真的孩子渐渐磨成了连自己都不敢面对的成年人。一旦长大成人，最常见的念头就是"我不够好"、"我比不上别人"、"我不值得被爱"。正是在这些念头构成的绳索的捆绑下，我们把自己缩挤在一个小地方，无法伸展双手去采摘想要的果实。也有相当一部分人，他们选择了穿上厚厚的盔甲，包裹起真实的自己，免受伤害。

这些绝对是坏消息，但好消息是——我们自爱的本能并没有死！只是被禁锢了而已。她仍然在你里头，等着你亲手把门打开，让其重见阳光！请相信，每个人都有能力把这份力量重新释放，只要你愿意。

生命本是"贵族"，没有理由，也不需要逻辑。每个人出生的时候都是含着百分百自爱来的，这本来就是人类的本真状态。如果有哪个物种失去了生存、进化、繁衍、自我取悦的本能，才是违背了自然和天性。

所以，假如你走到今天，已经切实感受到了因为爱的缺乏带来的无力和疲软，那就请努力一把！找到最适合你的方式，来恢复这被遗失或埋藏的生命的尊贵感！是的，这是一项挑战，因为你必须面对自己织起来的那些限制你前行的念想，清理自己设下的阻障。但这挑战尽头的奖杯也是充满无限诱惑且值得你全力以赴的，因为当你来到领奖台时，你会涌自内心地认同和发现，原来你就是最好的礼物……

向外求的人：

— 在别人的点头和认同里，找自身的存在感；
— 任由各种限制和外在的评判来侵犯自我接纳的心。

向内求的人：

— 充分意识到自己才是最大的恩赐，从无条件的自爱里得到坚实的力量；
— 知道自己一直被生命所爱着、指引着、保护着。

32

你所抗拒的，正是你所固守的

"人生的大师从来不抗拒前来叩门的客人，也不妄图占据山头迎击对手针锋相对。他会谦恭且全然地接纳所有，积极正面地拥抱一切。同时因接纳而包容，因包容而融合，最终获得自信、平和的力量。"

——哲学家 阿伦·瓦茨（Alan Watts）

《禅宗精神》（*The Spirit of Zen*）

"你所抗拒的，正是你所固守的"——这句话乍一听很不合逻辑，不知所云。人所有的对抗和征服，都是为了摆脱某个事物，怎么可能是为了持有呢？先不妄下定论，一起来看个真实的例子。

一位叫古斯塔沃（Gustavo）的32岁男士，在香港参加我们的培训研讨会。他父亲以前是一名足球明星，同时也是出色的银行家，在家乡巴西有着相当显赫的地位。古斯塔沃不愿留在家乡，不想在父亲所在的银行工作，于是带了太太和孩子来到香港定居，一家三口挤在一间不大的屋子里。几乎每个礼拜，他家人都要催他回巴西。虽然古斯塔沃跟父亲的关系很好，但他始终不肯回家发展。"我不想就这样跟随父亲的脚步。"他说，"我要做一番自己的事业，我要成就我自己。"

是的，古斯塔沃很爱父亲这一点，是真实的；但他非常不想受父亲影响，从而留在香港这一点，也是真实的。他每次都很坚定地说，要走出一条和父亲不一样的路来。也正因为这个强烈的念头，导致了他在创造和寻找一番新天地的时候，有意无意地以父亲为参照和比较，无论是运动生涯还是事业，他都一直活在对父亲这个"参照物"的抗拒里。

古斯塔沃的网球打得非常出色，但他似乎并不太享受这项运动，因为他总拿自己的运动技能与身为职业运动员的父亲来作比较。当时在香港，他早已经是一名小有名气的网球教练，只是他的眼光从来不只停留于此，整个身心都被困在了父亲所树立的标杆中，无法因为自身的天赋和兴趣而追求更高的境界。

在课程的深度对话中，我逐渐了解到，其实他内心深处并不是特别想留在香港，很早之前就已经有了回国的打算。只是"我要亲手创造自己的世界！"这句话过于贯耳，使得他宁可用背井离乡的方式来抗拒父亲所铺垫好的道路和攒下的经验。

在旁人看来，很显然他被禁锢在了这份"抗拒"之中。后来几天的课程里，我和他持续探讨了这些事，才令其渐渐清晰——除非他能放下和父亲的"比较"，否则他将永远被困其中，无法脱身前行！他必须从内心接受自己是一个完全独立的个体，学会全然地观照和喜爱自己。

我记得跟他说过："古斯塔沃，每天这样带着抗拒生活，想必是一件很累的事情。你必须让自己准备好，放下这份执着。父亲是父亲，你是你，做一个真正完整独立的你，好不好？"

"我想我准备好了。"他当即回应，"这几天我突然意识到了我爱我的父亲！他不会长生不老，留下的日子不会无止无休，所以我不想离他太远……"

听到他这番话，我也有些动容："是啊，我曾经也是这样抗拒过自己的父亲，甚至到他离开了，也仍未改变。你比很多人都幸运，因为你已经意识到了父子亲情的可贵，现在打破这个僵局，还不算太晚。"

抗拒一个人，其实就是把自己的力量交给了所抗拒的对象。古斯塔沃能明白到这一点，并不是停留在理论层面的"知道"，而是发自心底的"领悟"。他彻底明白了一直以来所抗拒的真相，明白了真正重要的事情。

终日活在抗拒之中，会带来一系列的摩擦和阻力，损耗大量的精神和热情。就像在开车的时候，踩下刹车的那一瞬间，要消耗相当大的能量才能使整辆车停下来，同时就此停留原地，无法前行。

这和人生是一个道理。

警惕"抗拒"变异成刻骨的仇恨

源自或夹杂着愤怒的抗拒，更加具有破坏力。在培训研讨会上曾经有一位女士叫安妮（Annie），她对父亲的一恨就是30年！当安妮12岁时，父亲因为另一个女人而离开了她的母亲。随后几年，母亲郁郁而终，当时她只有18岁。纵使30年后父亲也已然去世，但安妮仍然憎恨着他。

像大多数抱着仇恨的人一样，安妮也一心念着要报复，要父亲偿还所犯下的过错。她不知道，正因为这个念头，她一直以来都被父亲的过错控制着，即使这些年来两父女几乎没有过正面接触，这份仇恨依旧如影随形，深入骨髓。她每天都活在咬牙切齿的愤怒之中，真正付出代价的其实只有她自己。更糟糕的是，她把对父亲的憎恨投射到了每一个交往的异性身上，所以每段关系最多只能维持几个月。她原本是个非常爱孩子的人，一直想要一个属于自己的骨肉，但因始终无法放下的仇恨，直到42岁还未结婚。

这种阴雨的状态持续了好几年，在那段时间，她根本就意识不到身上所有的正面力量都被憎恨侵蚀了。父亲也曾尝试过开解女儿，但因始终无法靠近的沮丧而无奈放下。而安妮呢？她的阴雨天气持续了30年！直到父亲去世也未放晴。

也许她曾以为愤怒会随着父亲的离开而离开，但事实上并没有；不仅没有，还进一步恶化，恶化到了连她自己都意识到必须找个方法放手。在辗转间，她走进了我们的那一期研讨会。

我仍然记得那次和她的对话很长，最后收尾在了对亲子关系的客观解读中："请看到，你父亲其实已经做了对他来说最大的努力。如果他知道有更好的办法，相信他一定会尝试。虽然现在已经有不少学校教人们如何做父母，但对每个家庭的个体情况来说，如何教导子女，终究还是根据上一代以及以往的经验来作参考和借鉴。每个人的本能中都有一份舐犊情深，不到万不得已或自己无法掌控自主，都会尽己所能来教导和陪伴孩子。"

当安妮明白到如果持续憎恨下去，将给她当下和未来的人生以及异性关系带来不可估量的破坏力时，她总算自愿地放下了这个重担。

以过往的经验来看，所有人都会在某种程度上或多或少地抗拒着某些人或事。我们大可以选择把"抗拒"变成"助力"，只要走近一些去看你的"抗拒"，就能从中获得启示、实现成长。如果再近一步，看到并愿意停止负面情绪的侵蚀，那么它便会进一步成为你的得力工具，助你披荆斩棘，重见阳光。

不妨试想一下，当有人在工作或家庭生活里提出异议或某个看法，你的反应如何？是否会立即抗拒？有没有一类人是你特别容易条件反射进入对抗模式的？是男人？还是女人？是手中握有权力的人？还是软弱的人？同时，你会抗拒财富吗？对那些成功人士呢？……

从以上问题的答案中，像照镜子一样，你或多或少能得到一些启发，从而使你停下来进行更深入的思考——这究竟是怎么回事？我的抗拒究竟在什么时候、哪个地方、什么情形下形成的呢？要了解这一点，需要探索更广阔也更隐蔽的内心世界，需要持续地挖掘、对话、面对、思考。这样做的回报是相当丰盛的，你将完全释放你的能量，来到一望无垠的广阔蓝天白云下，尽情自由呼吸，感受到沁心的轻盈和透彻！如果你无法处理好和"抗拒"的关系，那么对不起，人必将受其围困；随着时间流逝，抗拒和仇恨不会自行消失，且会愈加沉重。

亲爱的，你究竟想要什么？

我们到底在追求什么？这是很大很大的一个问题。只是叩问"我是谁"自然令人深思，但下一步又如何呢？它把我们带到了某种境地，却不再前进，然后不满足感又会再次冒出来。朝着什么方向继续走下去，这对人类来说才是重要的。"下一步"的路标，清晰指往一个能带来豁然开朗和至深满足感的问题——你究竟想要什么？

那……我们到底想要什么呢？

这是个能帮助我们进入到内心深处去挖掘的好问题。不得不承认，人生有时会很无礼，它会在天还没亮的时候或深更半夜粗鲁地狂敲你的家门，把这个钝重的问题迎面砸来，如当头棒喝，扰人清梦。过去、现在和未来变得那样变幻无常、不可揣测，我们不得不强迫睁开双眼，面对这突如其来的不速之客。

分享一些我的观点：在某种程度上，我们每个人都知道自己想要什么，我知道，你也清楚，只需前往内心去体验，徜徉内在的世界。如果选择逃避，便无法邂逅真相，于是迷失在迷惘中，难以自拔。不过，你的天性本不安分，内心仍想知道自己到底要什么，每个人都是这样。

根据这些年接触形形色色学员的经验，我们发现人们真正想要的东西，往往并不是一部法拉利跑车、一块名贵手表或者一台高科技电子仪器。你甚至都不想开始一段新的关系，除非是和自己建立连接。

我们想要的，从来就不是"物件"；想要的东西一直都在内心的宝箱里锁着，他们叫"自由"、"喜悦"、"生命力"、"平和"、"安全感"、"爱"、"自信"及"自尊"！这个清单还可以无限添加，每个人都有珍藏的传家宝。神奇的是，这个宝箱里并没有"过去"、"回忆"、"关系"、"孩子"、"事业"、"财富"……这些看似在人生当下和过去显得比天大的东西，原来它们并不是终点，而是媒介，承载着我们可创造和想要的一切。

现在问题又来了，是什么在时时刻刻阻止我们拥有想要的体验？相信这本书在过去的一段时间里贴身陪伴着你，你心中已有了答案。是的，就是种种根植于内心的限制性信念——"我不值得被爱"、"我不够智慧"、"我没有能力去赚很多钱"、"我没能力成功"……既然我们想要的东西不在外面，那么阻碍我们的东西也不会在外面。

是的，所有宝藏都在内心。

所以，还是回到一开始抛出的问题，你究竟想要什么呢？先来看看你兜里已经有什么，无论喜欢与否，它们的存在都不意外。所有的一切都跟随你过去或此刻正抓紧的信念、所作的选择、采取的行动而来。你可能会说这些不是你要的，但对不起亲爱的，基于成果来看，它们确确实实都是你过去种下的"对"的种子长成的"对"的果子。

如果你真不喜欢现在所拥有的，那很简单——请醒过来！有太多等待你去解读的内心信念，这些念想一直，且还会持续引发你的所有决定和行为，不知不觉就把你领到一个你并不愿身处的终点和境地。总之，一切都是信念系统的映照。香甜的人生果实正期盼着你睁开智慧的双眸，伸出温暖有力的双手采摘和品尝。

反被抗拒捆绑的人：

— 生命被困在了过去的人和事中；
— 活在抗拒之中，还在随时随地滋生更多否定；
— 不曾接纳自己真正想要的东西，转用物质来代替一切。

全然接纳生命的人：

— 以过去为师，但不受其纠缠围困；
— 以"抗拒"为镜，穿越、放下、前行；
— 积极行动，创造想要的体验，涌现自由、喜悦和爱。

第四章

沟通

让觉醒和责任因此而有意义

33

做翱翔的雄鹰，还是嚼舌的鹦鹉？

> "大部分对话都只是在被围观时自言自语的独角戏。"
> ——美国作家　玛格丽特·米勒（Margaret Millar）

无论你已经有多觉醒、多为人生负起责任，即使在科技和资讯如此发达的当今时代，仅靠一个人，仍难成大事。也就是说，我们需要有打动和感召他人的力量，需要和家人、朋友、同事共同为彼此心中的未来添砖加瓦。这过程中，少不了呈现理想、获取支持、处理异议。人既需要足够清楚地表达心中的想法和需要，又需要具备号召身边人一起行动的能力——这才是真正意义上的"有效沟通"。

正如著名英国政治家演说家温斯顿·丘吉尔（Winston Churchill）所说："同一片天空下，当雄鹰安静下来的时候，鹦鹉就开始碎碎念。"言下之意，如果一个人想要像雄鹰那般展翅高飞，就需要在蓝天下宣告胸中大志和梦想，然后创造身边积极正面的对话和沟通氛围，让信息、思绪、情感自由无阻地流通。这样才有可能创造和规划理想中的生命蓝图，否则就会迷失在鹦鹉们的乐园里。

人永远都在承诺，问题是承诺于什么？

几年前我看了一档电视节目，感到非常遗憾和痛惜，那是加拿大铁人三项选手朱莉·莫斯（Julie Moss）在一次比赛中的遭遇。当时比赛到了最后阶段，她本是夺冠热门人物，经过十多个小时的游泳、骑行、跑步，眼看着还有不到一公里就抵达终点，且她已领先第二位选手一公里的距离。突然意外不期而至！朱莉的体能一下子到达了极限，变得不听使唤，一瘸一拐蹒跚地向前走，最后甚至到了爬行的地步。看得出她身体开始脱水，呼吸急促，意识也变得模糊，完全到了精疲力竭的境地。不一会儿，她的好朋友，另一个加拿大选手就超越了她，摘下了冠军。

比赛结束后，记者问朱莉感觉如何，她只是惊人平静地说了一句："有一点累。"稍微沉默了一会儿后她继续补充道："当时我心里许诺了必须要完成比赛，而不是夺冠。如果我承诺了要拿到冠军的话，我一定会胜出。"

下一年的比赛，她真的胜出了。

为了什么而承诺？

来看一个重要的点：人总会承诺于某些东西，但并不是我们嘴上说的甚至也不是心里所以为的内容。假设你正在看电视，而家人叫你去商店买东西，你会说"好，我去"，但往往还会腻在电视机前。并不是你懒，而是你的心和思绪以及"承诺"都不在去商店的路上，而在电视里。换句话说，只有一个方法能检视真实的承诺——结果。基于结果，我们就能看出自己或别人所实际定下契约的东西。

如果有人真能在每时每刻都从实际结果出发来审视自己和承诺的关系，那么他一定拥有高度的自由。因为他不会像绝大多数人那样，背负着不能兑现承诺的内疚和失败的重担。当人以"基于结果"的心态面对所有承诺时，他就真正做到了活在当下，而不是沉溺幻想。

当然，这并不是说我们必须无条件地承诺，比如那些对谁都没好处的事。如果说工作和我之间有着某种心理契约，而上司却强行要求我必须每天加班到晚上，又不作任何补偿和激励；甚至还不断鸡蛋里挑骨头，不公平地对待我所做的工作，更严重时还进行人身侮辱。那么，我绝对有必要重新审视这份关系。值得注意的是，如果一个人允许自己一次次被侮辱而不停步思考或做出改变，那么极有可能他潜意识里的"承诺"，就是"被否定"。一个许诺于健康人生和健全人际关系的人，会主动选择远离负面消极，不会以尊重"承诺"为名滞留在一个对自己和他人都不利的环境中。这本身就是一个不健康的状态，像在不断提醒自己："我没有价值。"

同时，也不是说在艰苦的环境里，我们就必须尽早"全身而退"。有时为了创造想要的成果，必须直面并克服困难。那么，怎样才能让结果有所不同呢？就是理清"我真正承诺于什么"这个问题的答案，这样我们才清楚下一步要怎么走。

我们总会对某些事物作出承诺，有人甚至会承诺于"不承诺"。他们会这样说："关于我和伴侣的关系，先看看怎么顺其自然地发展，也许我们会有将来，也许不会。"或者说："这份工作现在看上去不错，薪水也可以，虽然不是我的理想，但可以接受。"身边一定有人说过类似的话，请问，你是真心喜欢和他们相处并尊敬他们吗？

100% 容易，99% 艰难

"承诺"两字，我们每天都会用，用以表达很多不同的意思。基本上"承诺"了就意味着无条件和100%纯粹。再回头看看运动员朱莉遗憾输掉的那场比赛以及次年的夺冠，就能看到承诺的力量。简单地说，100% 容易，99% 艰难，另外的1%似乎永远不会被兑现。

试想，当你对某份工作不那么投入时，它会变得多煎熬；相比之下，如果你真正专注并热爱，又会是完全不同的一番景象。每个人都体会过，当完全投入并专注时，时间过得有多快，事情有多顺畅。只要稍微有一点儿杂质、干扰、动摇，就会将终点线无限推远。运动员这份职业需要调动身体的全部能量，他们最清楚这个中的区别。运动健将们所追求的"在状态里",就是100%和身心定下契约,全力以赴,誓收荣耀于囊中。

奇妙之处就在于,全身心的许诺带给我们的财富远不止100%而已。喜玛拉雅山探险队苏格兰英雄莫瑞(W. H. Murray)对此的一席话甚为经典,值得完整引述:

"除非100%承诺,否则定会在犹豫里眼睁睁看着机会流走或倒退回原点,永无成效可言。说到所有行动和创造,如果忽略了以下这个基本事实就会使梦想遭到扼杀:当一个人真正承诺时,从他的诺言里会涌现出源源不断的可能性和力量!天意也会站在他这边,一路随行。所有达成目标所必须的条件和支持,都会在行进道路的两旁不期而遇,前所未有的天时、地利、人和。我读过一小段伟大作家歌德(Goethe)的诗篇,至今仍心生敬重与向往。他是那样毫无保留地歌颂承诺与创造——无论你做什么、梦想什么,请去亲手开启这故事的篇章!你定将成为被赋予了神奇魔力的天才和宠儿!"

是的,也有人逃避、抗拒,寻找各种理由,扮演受害者,埋怨命运、环境或其他人。当一个人不能达成合理的目标时,真相只是你没有100%承诺。或者更确切地说,你把承诺给了其他事物,分散了投注的精力。当你给予自己一个可达成的目标时,请切记,要么就100%,要么就不作任何承诺。99%和100%之间的1%离我们很远,就好像女人无法做到只怀一小部分孕,因为生命本身就是100%全力绽放的奇迹!

买账彼此的"谎言"

当代文化使人相信,诚实并不是最好的人际相处诀窍。我们会向别人说些我们以为他们想听的话,又或者我们觉得对他们更好的话,再或者用一个特别的说法,就是不会伤害他人感受的话。总之,一切都是为了避免尴尬和冲突。这就是所谓的"你收了我的谎言,那我也买你的账"。

人们几乎每天都会把这些话挂在嘴边："嗨！很高兴又见到你（实际上已经忘了对方的名字）"、"要不我们聚一聚吧"、"好呀，保持联络，电话联系"……还有个非常有趣的"派对酒会四级跳"：

—"我会打电话给你。"

—"我会打电话给你，有机会我们一起午餐。"

—"我会打电话给你，有机会我们一起午餐，我太喜欢你了！"

—"我会打电话给你，有机会一起午餐，太喜欢你了！（停顿）真的……"

当然你很清楚，我们并不是真的有意愿要继续和对方联系，只是彼此都很熟练地展现着笑容可掬的亲切一面，互相心照不宣。这也没什么，看上去不会造成什么伤害。是吗？在某些情况下，或许会。

想像下如果你在学术界，教授为了不伤害你的感受，永远给高分，他们认为这样做会让你感到快乐——不幸地，你真的因此而快乐了。只是这份快乐是短暂的，不能换来任何学术上的进步和造诣。对一个力求在委身的领域取得成就的人而言，诚实的反馈比什么都可贵，是一路航行轨道上所必需的指路明灯。

日常生活工作也如此。只是彼此互相说些无伤大雅的好听话，不会给人实质性的帮助。如果哪天医生告诉你很健康，可事实上你已患重病，你会安心吗？又如果财务在企业面临破产边缘，仍给股东编纂漂亮的财务报告，你又作何感想？

经常会有人说，100%诚实不可取。即便是对着至亲的人——妻子、丈夫、父母、兄弟、姐妹、孩子、挚友——也害怕真话带来决裂。于是以爱之名，我们会说服自己，收起真实的想法，小心顾及和经营周边的一道道关系。是这样吗？不！其实我们保护的是自己！因为我们一贯以来早已习惯了逃避、抗拒、害怕冒险、不愿被拒绝，所以不说真话会更容易一些，又或者索性什么都不说。

从另一个角度看，其实我们并不具备伤害他人感受的能力。如果我告诉你，你的新发型很难看，只有你才能决定是否要为这"冒犯"而生气，亦或是感激这句诚实回应。人与人之间的沟通，并不能只凭单向意愿就伤害或帮到对方，完全看彼此如何接收、消化、理解。一切回应和言语只是信息，如何反应，就由得我们自己来选择了。

即便有人给你直接回应的动机就是要摧毁你，我们也能自主选择是否受害。当被说成是骗子和卑鄙小人的时候，如果我们心里受了"伤害"，那很有可能，就是我们也曾怀疑过自己是个骗子。一旦我们认定自己是诚实的，就算全世界都给我们贴了标签，也无需受困。因为受伤与否，完全有赖自己的选择。

"无惧回应"之美

有个精彩的例子，能充分说明我对诚实回应的看法。那是我在 1999 年 1 月出版的《哈珀杂志》(*Harper's Magazine*) 里看到的几封信件，信件往来方是约翰·肯尼迪总统 (John F. Kennedy) 的父亲约瑟夫·肯尼迪 (Joseph P. Kennedy) 和英国政治家哈罗德·拉斯基 (Harold Laski)。信件落笔时为 1940 年 8 月，当时老爸肯尼迪是美国驻英大使，拉斯基是伦敦经济学院教授。那年初夏，小肯尼迪刚在哈佛大学毕业，正在安排出版毕业论文《沉睡的英国》(*While England Slept*)。以下是信件摘要：

亲爱的哈罗德：

我刚收到由美国空邮寄来的两本儿子的书，我觉得你可能有兴趣看一看。我把其中一本给了首相先生，还剩一本，已经寄给你。看后请归还给我，十分感谢。本书的评论已经不少，如果你愿意为他再写上几句，我相信他绝对会很高兴。

约瑟夫·肯尼迪 敬上

亲爱的约瑟夫：

老实讲，写评语是最简单不过的事了。事实上，有比写几句评语困难得多的事，就是我此刻要告诉的、我对约翰写这本书的真实看法。

恕我直言，这本书还非常浅薄无知且不成熟！它完全没有架构，内容也停留在肤浅表面。任何一所名校随便一抓就会有半百的毕业生都能写出同等水平的论文，但他们谁都没有出版，因为论文本身的价值在于学生写作的经历，而非内容本身。我想，如果约翰不是你的儿子，而你又不是大使先生，一定不会有出版商会愿意出版。

希望你能理解，同样作为一名父亲，我真心关心你的儿子。孩子不能被宠坏，特别是出生在富裕家庭的幸运儿。思想是门高深圣洁的事业和艺术，必须付出一定的代价才可入列。请相信我，这些难听的话正是出自我们多年的情谊，而非恭维！

敬重你的哈罗德·拉斯基

这真是一个相当漂亮的无惧回应的好例子！

之前我们打过一个比方，一架飞机从纽约到罗马，需要持续不断修正航道，才不会偏离方向，人生也如此。飞机一路搜集到的来自地面的高度、速度、风向等信息，是性命攸关的重要资料！如果这些回应不被重视，后果将不堪设想——亦如人生要去到理想的乐土，需要知道从哪出发，沿途何处。这一路都需要各种来自关心你的人馈赠的诚实回应。

我个人特别喜欢沃纳·爱海德（Werner Erhard）关于"有承诺的聆听者"必备条件的描述。人们有两种能力：一方面听，另一方面感受并了解言辞背后的意味、目标、情感、价值和愿景。只有具备这两种能力的贵人才能锁定我们的理由、故事、借口、逃避、抗拒，并无畏直面，如实回应——这是莫大的福分和美德！

你真正攥紧的是什么？

"我们也就只有说得那样好听。"
——商业大亨 丹尼斯·贝克尔（Dennis Becker）

在一次卓越生命研讨会上，一共来了150名学员。在第三晚的时候，唯独有位中年男士迟到了，尽管他像所有学员一样，在研讨会第一天承诺了要按时出席，但他一再破坏约定。这一晚已经是他第三次迟到。我看着他走进房间找到座位坐下来，随即抓住了这个能让他和所有学员都有所启发的珍贵机会，邀请他站起来互动（我们且叫他杰森）。

"杰森，你是否留意到你破坏了一个约定？"我开门见山。

"什么协议？"他一下子还没反应过来。

"两天前，你曾和这里所有人一起用站立的方式表示了你愿意遵守时间规则，还记得吗？"我需要直接和他进入对话要点。

他想了想说："好吧我迟到了。那又怎样？为什么要把小事搞那么郑重？"

"因为它不是小事。"我回答，"迟到并不是重点，我指的是你和在座其他学员一起作出的时间承诺，这个承诺经常被破坏，就是严重的问题。"

我知道杰森是个很成功的商人。他此刻正看着我，以为我在无理取闹。我留意到了他以眼神向四周求助，似乎在和其他学员说："喂，帮个忙说句话，我们不能让这个老头这么嚣张！"在座学员谁都没有说话，只回以若有所思的目光，仿佛从他身上看到了自己的影子。

见状，我先开了口："杰森，这样吧，你是否愿意和我们一起探讨下，在这件事情上，有什么可以学习的地方。"

他耸了耸肩，顺势接下了我搪过去的台阶："好吧，可以。"

我说："那好，现在请告诉我，你迟到背后的潜台词是什么？"

他叹了口气，看上去有莫大的苦衷："罗伯特你要知道，我工作非常忙！我绝对是想要守时的，但今天公司有很多事要处理，又临时接听了一个长途电话，来的路上又堵车，所以才会迟到，你明白吗？"

"我明白，你完全有理由迟到。而我们已经讲过，只有结果才能看出一个人真正的意愿和承诺。所以基于结果，你觉得你的意愿和承诺是什么？"我猜到了他的回答，因为我们一直都不缺理由。

他仍然坚持："我已经说过了，我的确是承诺了要守时，但太多事情就这样发生了！工作、电话、堵车……所以我做不到准时啊！"

我感觉对话到这里已经碰到了天花板，于是决定转换方向："好吧，我能明白工作对你的重要性。不过我想问的是，难道像今天这样的情况，要准时到课堂，就一点可能性都没有吗？"

"好吧，可能性当然是有的。除非我放下电话，中断和客户谈生意。可那是价值超过一百万美元的单子呢！"他的态度很坚决，似乎在捍卫什么。

我说："这就对了，所以基于结果，准时参会和生意谁更重要呢？"

"什么更重要？"他反问，"自然是生意，谁会放弃这样的大客户？！"

"你说得很对。"我说，"其实我要的只是这句话而已。一开始就说过，此刻我们关心的并不是迟到与否，而是你背后的意愿。显然如果研讨会对你来说更重要，你就会放下一切准时出现，路上有大把时间，根本不会受堵车影响。所以很明显你刚才的回答是诚实的，基于结果，你的生意更重要。那么请问，如果你的生命中出现了其他和生意冲突的重要承诺，你会怎么安排优先级呢？"

"我还不完全明白你的意思。"他看上去已经进入了沟通状态。

"换句话说，除了你自己和事业，谁是你生命中最重要的人？"我补充。

"我十岁的女儿。"他回答。

"请你回忆下，今天的研讨会和你女儿有什么相似之处？你是否也曾向她作出过承诺，然后因为生意优先而不得不打破了呢？"我循着直觉问。

"你为什么会觉得我没对女儿守承诺？"他明显变得紧张了一些。

"因为你没对我和在座所有人守承诺，且不止一次地破坏，并不为此所动。所以不妨请你花些时间想想——当然你只要回答你自己就可以了——是否曾经答应过她参加学校活动，但最后留在了公司？或说过你会回家吃饭，但回家时她已在床上睡着？"我很珍惜这个能让他和其他人受启发的机会。

杰森的态度显然变了，他垂下了头，静静凝视着地板，然后这位大老板眼眶开始有些红了，看得出有太多的故事曾经在这个男人厚实的肩背上留下了遗憾。

我觉得差不多了，感受到了他内心的变化，于是说："杰森，这就是为什么我们在这里的原因。大家都在找寻什么对我们来说才是最重要的答案。平日里，我们早已脱离了一开始出发的轨道。而今天，要感谢你和你的故事，给了我们所有人贡献和启发，做了我们的导师。"

打破承诺的"代价"

你认识的人之中，有多少会经常迟到？你自己呢？你是不是觉得约了人喝咖啡，迟到个十分钟很正常？常见的理由是什么？堵车？开会走不开？突然有客户造访？而往往等待的人，也会微笑着说："没关系，不着急，慢慢来。"——不幸的是，这绝对不会"没关系"，大家心里都清楚。

破坏承诺，无论大小都会付出一定的代价，对每个人都是公平的。比如杰森告诉女儿会参加她的钢琴比赛却没现身，此处作为一个父亲付出的代价，就是破坏了孩子的信任和父女间的亲密感。长此以往，难免给孩子造成"我在爸爸眼里不重要"的解读，伤害孩子的自尊感和安全感。事实上，太多婚姻、友谊和事业关系都如此这般地被摧毁在了日积月累的损耗和不知不觉间。

守护好杯中珍贵的水

有个关于杯子的精辟比喻，能形象表达破坏承诺带来的影响。我们出生时每人都领到了满满一杯甘甜清澈的水，盛满了自我肯定及我们对自身价值的满足与欣慰。可伴随着长大过程中的种种质疑和指责，一次次颠颤着这只脆弱的杯子，原本满着的水打翻了许多。每次有人说我们不好、我们是坏孩子、我们三番四次做错事，杯中的水就又会渗漏不少。到了完全长大成人，手中的杯子已千疮百孔，仅剩零星的几滴水。那上头还有好多小洞，是我们在破坏和被破坏种种承诺时所凿下的印记。

然后悲剧就发生了。当杯子空了，我们会向外去找肯定和认可。这很自然，同时也不会得偿所愿。因为没有人能为你填满杯子，索水的行为本身，就又会将仅剩的几滴水也打翻到地上！当你遭遇了拒绝或扑了空，这时候就只剩手里那空空如也的杯子被风穿过发出的啜泣声。

再次回到杰森的例子。每次他没准时回家见女儿，女儿便会带着失落入睡。你能想像孩子会怎样看待自己吗？即使是足够独立的成年人也会因此而怀疑自己的价值。同时孩子的父亲杰森也会受到内疚和无奈的折磨——这是一个双输的游戏，没人会赢。

那么当我们破坏了对自己的承诺后，又会怎样？对不起，杀伤力更大！因为除了自己以外，没人知道你许诺了什么。是戒烟？早起？不熬夜？减肥？还是其他？只有天知地知你知，所以承诺很容易被一再打破于无形。而我们每天24小时全年365天无休都要和自己待在一起，该如何面对？

于是你说："不，我要守护好我杯中的水！"那是不是意味着只要守稳了所有承诺，人生就会一帆风顺？谁都不能保证。只能说在践行承诺的过程中，你会拨开迷雾，比别人更看清生命的真相，同时这是一种更积极的生活哲学。还有，请切记：没有绝对的定律和规则说人人都要遵守承诺。所以当你遵守了，但别人违背了的时候，请不要转而掉进受害者的陷阱中。因为在下坠的过程中，我们的杯子会毫无疑问摔个粉身碎骨……

什么是简单而又美好的？那就请安心守护好我们每天许下的诺言、拉过的钩——按时交付工作、用心经营爱情、温柔呵护友谊。在人与人的关系里，诺言是最坚韧同时也最脆弱的心理契约，守护承诺，收获尊重和自我尊重。

难守承诺之人：

— 对破坏承诺显得很随意且未自知；
— 对由此带来的后果无意识，漠视被侵蚀的信任和关系。

呵护践行约定的人：

— 诺不轻许，许诺必果；
— 很少食言，即使没做到也会用心清理"残局"；
— 非常清醒于自身和承诺的关系，持续创造可信赖的人际
契约。

34

人要"自私"些，所以请付出、付出、再付出

"加利里海和死海的水同一出处，从希伯仑的高山和黎巴嫩雪松的根部流淌而来的水清凉透彻、沁人心脾。但为什么加利里海的怀抱不仅能保持水精灵原先的美，还使其更显润泽灵气？而死海却毫无生机？答案就在加利里海一湾狭长的出口。她年复一年先采集再奉献，于是灌溉和滋养了约旦平原上的千年文明。"

——美国牧师 亨利·埃莫森·福斯迪克（Henry Emerson Fosdick）
《奉献的意义》（*The Meaning of Service*）

我们的个人成长进阶课堂叫突破体验，已有几十万的学员，99%会在过程中受到鼓舞而雀跃。每个人的收获维度不同，但仔细品读，所有感悟汇成的是同样的心声："我用了40个小时的时间，那样全情投入地体验到了付出和与他人连接的美好！"原来人只要从狭小的世界里破壳，就能看到崭新的景象。

"觉醒"是突破体验的核心焦点，在四天环环相扣的紧密环节中，参与者在不同的方面直接体验着将自身托付的感受。这种托付是深层次的，虽然很多人还不能立刻清楚行为转变背后的意义，但每一个真诚分享故事和全情自发投入的瞬间，都有一种珍贵意识的唤醒。

并不是在炫耀我们的课堂多有魔力，毕竟那不是唯一能激发人心正能量的场合和情境。大量研究发现，过去数千万年人类的发展都证明了最有效、最令人满意的生发充实感的形式，就是付出。这基本上会颠覆很多人对满足感的理解。很多哲人都说"舍得、取舍"，讲述的都是

这个简单又确凿的真理，只是在平时隔离的孤岛上，并非所有人都能有缘体会到其中的奥妙而已。以下是来自美国学者杰夫瑞·摩西（Jeffrey Moses）的观点：

"付出金钱、时间、支持、鼓励去成就某件事，对付出者一点伤害也没有。大自然的定律便是如此，付出才会为人打开真正的富裕和丰盛之门。"

付出和获得本是钱币的两个面，索取多了难免空虚，付出久了，自有所得。还记得小时候，你会非常期盼收到圣诞礼物和生日礼物，想收获多过想给予；而作为成年人，我敢打赌你会更享受买礼物和送礼物时的那份自豪感和愉悦体验。为什么不循着这份喜悦继续向前进一步呢？为什么不让自己彻底打开去敞拥这一汩汩而生的喜乐源泉？

你曾想过吗？人类唯独可以无限量容纳的两样东西就是付出和爱。从来不认为特蕾莎修女（Mother Teresa）会因长年累月的付出而枯竭。事实证明，她到85岁高龄仍从未停止传播和践行慈善。她是幸运的，一生被喜乐滋养。

付出者，还是索取者？

古往今来，人间盛产英雄，所以世上不乏付出者。他们不断自问："我能为自己身处的这个美好世界做些什么？"这批奉献者的存在，常能照亮我们心中的温暖小屋。再来看看身边的世界，有光明也有暗角。我们看到了那么多的漠不关心、贪婪、暴力、歧视，所以世上也存在着索取者。他们会问："这对我有什么好处？我可以得到什么？"

每个人的选择不同，而你我也确实有很多可以去做索取者的理由。回到深埋的信念中，太多人坚信自己很有限，所以害怕付出会加速自身的枯竭，于是产生了恐惧、不安和空虚感。只是亲爱的，人不像汽车需要汽油来驱动，付出的源泉永不会枯竭。

又或者，你对某人多次付出，结果却一次次被拒绝，你结结实实地受到了伤害。于是你认定了付出是痛苦的，而且根本不值得。那么请不要忘记，付出原本就是双赢的游戏，它一定会让双方都获益——只是你需要多一点点的耐心和坚持。

我的前妻黛安娜（Dianna）和我就曾体验过付出带来的无比喜悦和满足。那一年我们收养了两个特殊的孩子：利瓦伊（Levi）和艾米丽（Emily）。这是两个从出生起就体验了何为恐惧的孩子，当她们加入我们家庭时，也经历了不少纠结和摩擦，而这些问题始终在我们能预期和承载的范围之中。有人或许会说："你们真伟大。"面对这样的评价，我们也已学会了如何回应，大部分情况下我和戴安娜只会简单地说一句："谢谢你。"我们是发自内心地接纳自己的"付出"和别人对这份付出的所有反馈。因为我们一心想让这俩孩子在后天获得和其他健全小孩一样同等良好的发展机会，成为出色的人。

换个角度来说，在抚养这两个孩子长大成人的过程中，我们自身也得到了很多很多！利瓦伊和艾米丽的人生起点无疑是破碎且不幸的，但也正是孩子们清亮的心性修复了我和戴安娜两位成年人内心里那"曾受伤的小孩"。现在回想起来，最初孩子们在家里很不习惯，处处抗拒和敏感。正是在逐步适应和磨合的过程里，我们彼此心生感激，情浓于爱。

我希望在这个篇章里的所有分享，能把对我个人而言极其深刻的体验注入到你的体验中。和利瓦伊及艾米丽的相处、跟成千上万学员的互动，使我在最大限度上体验了人生的饱满，也了解到了人心和感受的复杂及微妙。这一切都告诉我，当我们开始付出和为别人真心给予爱时，自身的恐惧和孤独感就会一一消散。这不是一句漂亮的空话！生命与生命在这个地球的降生、相遇、擦肩、回归，都是至高无上的缘分和来自祖先基因深处的弦瑟同鸣。

所以下一次，当你感到低落、无力或迷惘时，请试着抬头看看四周是否有同样正处低谷的灵魂。去感受、去托付、去付出、去连接、去共鸣，这些都会转化为你内心的丰盛。

人际关系的神奇算式

当两个人的关系（如婚姻）处于互相竞争支配的状态时，这段关系必定走向恶劣。人们常把两人关系看作简单的 1/2+1/2=1，即两个"一半"加起来，每人投注一部分就会有"1"。实际上，人际关系不应该是加法，而是乘法，是 1×1=1，即一个人的全部融合另一个人的全部才会完整。

全然投入并不意味着失去自我，我们对这一乘法公式的解读是：如果双方或任意一方都要靠从对方那里索取才能完整，而自身并不拥有完整的自尊和自我认知，那么这段关系就会变成 1/2×1/2=1/4。我肯定你曾体验过这种最终变成四分之一的尴尬关系，比自己一个人的时候还要匮乏。两个匮乏的人在一起，只会令对方更加感到不足和不安。

我在这里再次提到之前失败的婚姻经历，以便和你分享我是如何学习到人际关系之真谛的。当时我的性格并不适合或擅长建立长久亲密的关系。很多专家的面谈及科学的测试结果告诉我，我经常会为了填补内心空虚而开始一段感情，蜜月期一过就现出原形。一旦我感觉到不能从对方身上获得完整感，内心的魔鬼和匮乏就会跳出来咬断这根连接婚姻的关系纽带。

恋爱是最典型的基于全情承诺而建立的人际关系，只有完整的身心托付，才能创造健康的婚姻。这对我而言，同时对很多人而言，是好消息，也是坏消息。

事实上，每个人都会时而付出、时而索取，只是索取的一面更容易占据主导。特别是过去受害的经历会让我们形成"如果太过付出，别人就会在我身上获利"的信念。于是为了"保护"自己，我们会选择自我封闭成一个受害者，并眼巴巴地盼着别人能为自己付出全部，接着我们就进一步变成了索取者。这并不因本性使然，只是源于一个普遍的误解，源于我们不懂亲密关系建立的真正根基。有时就算我们做好了付出的准备，也要等别人先行动，以留条后路确保安全，只有在绝对安全的情况下我们才会彻底打开。当然，对方也极有可能正琢磨着同样的事，也在等我们先行一步。最后，互为索取者的关系就这样形成了，纵使人的本性和喜悦的根源在于付出，但也就此泯灭。

付出，是一场多赢的游戏

之前提到过一次这本书的英文版出版人彼得·舍伍德（Peter Sherwood），他曾告诉我一件探访公益学校时遇到的故事。这所为贫困家庭开设的学校位于邻近中国香港的另一个城市——中国澳门。校舍位于一座废弃建筑内，简陋破旧，只有最最基本的设备。彼得告诉我，当时学校的主办者是一位年老的修女玛丽（Mary），她热情地带着他到处参观。他们走到其中一间课室，里头有三十个孩子正在学打字，每人面前摆着一部起码有四五十年历史的老式打字机，孩子们学的是早已过时的技术。彼得当时就被触动了，承诺要为孩子们找到一批能用的电脑。

回到香港，他随即找到了当地最大的供应商，打电话给当时的行政董事柯林·奥布莱恩（Colin O'Brien）。他告诉柯林需要什么，第二天柯林就回了他电话："我和妻子提到了那所学校的情况，她说如果我不支持一批新电脑、软件和老师过去，她就跟我离婚……"

这事就这样戏剧又顺利地完成了。时隔三年，彼得又收到了柯林的一个电话，和三年前一样，他们还是素未谋面。柯林说他已经离开了那家电脑公司，开始自己的事业，并邀请彼得过去帮他处理一些市场推广上的工作。当他们见面的时候，一见如故。彼得十分欣慰能获此投资机会，并在最短时间内为这家公司实现融资，同时他本人买下了公司的部分股权。当时是1990年，此后公司价值翻了二十倍！彼得因此坐拥巨额财富。

这是一个很真实的因"付出"而带来多赢的案例：

学校的孩子们赢了，他们得到了更好的教育；学校老师赢了，得以实现当初投身教育的理想；澳门赢了，未来将出现更多具有创造力和生产力的市民；捐赠电脑的公司赢了，获得了良好的商誉；柯林的妻子赢了，收获了更美满坚韧的婚姻；彼得赢了，他的努力换来了内心的成就和满足；柯林的新公司赢了，无形、有形资产倍增；和柯林新公司相关的股东和其他利益相关者也赢了，大家都收获了更丰盛的人生资本……

我在日本住了12年之后才回到美国，这12年间，我近乎痴迷地把"觉醒"、"责任"、"沟通"的ARC卓越生命品质带到成千上万的亚洲企业和家庭，在成就他人的过程中也获得了极大的满足和尊荣。我们其中一位导师霍华德·埃德森（Howard Edson），他是我已故好友兼歌手约翰·丹佛（John Denver）风之星（Windstar）基金会的忠实支持者。基金会是慈善机构，教人们如何创造可持续发展的优质环境。霍华德告诉我，当时的基金会存在着架构和人事问题，我们的课程可以帮上忙。于是我便和基金会管理层见了面，并同意免费让基金会管理团队参加培训。另有两位大师级导师与我一起授课，他们分别是丹尼斯·贝克尔（Dennis Becker）和阿吉·塔卡拉贝（Aki Takarabe）。几天下来我们都收获了一段精彩绝伦的体验，也因此成就了基金会日后的辉煌及其对世界的积极影响。

再后来，约翰邀请我为基金会董事会服务，并捐款支持他们的工作，在我为此服务的三年间，受益颇丰：

约翰一直是我最喜欢的歌手和偶像，我因此获得了和他共事的机会并成为至交好友，时至今日，我仍十分怀念他和那段时光；在为创造可持续发展环境所做的工作中，我学了很多，更清楚该为下一代营造一个怎样的环境和未来；我也进入了约翰的其他社交群体，那里头太多人都可以做我的老师和挚友……要继续列举成果的话，还有很多，所有这些都不是什么秘密。

付出不是神话，它其实很简单——心之所往，力所能及，爱之所至。

习惯于索取的人：

— 相信爱是有限的，终会干涸；
— 过往的失败仍然存在，导致了索取者的态度和习惯。

欣然付出的人：

— 拥抱所有可以付出的机会——时间、金钱、爱、支持；
— 相信人生在世必须付出，就像住房交租一样理所应当。

35

假如明日不再来

"假如明天永远不会来临，她会知道我有多爱她吗？
我能否倾尽一切让她知晓，无论日升日落，她都是我的唯一。"
——乡村歌手 加斯·布鲁克斯（Garth Brooks）演唱
与肯特·布雷茨（Kent Blazy）联合创作
《假如明日不再来》（*If Tomorrow Never Comes*）

　　写这本书也为纪念一位已故的好友和同事阿特·马歇尔（Art Marshall）。阿特很喜欢乡村歌手加斯·布鲁克斯（Garth Brooks），总推荐我也听他的音乐，所以这篇开头引用了加斯其中一首歌的歌词。更重要的是，阿特的为人和事业能力启发了包括我在内的很多人。可惜他英年早逝，但也用他最后的生命乐章让所有认识他的人都警觉到了生命真正的意义。

　　请看看你居住的这颗星球——有树、有花、有飞鸟，生命正欣欣向荣！这绝对是奇迹。然而一切生命终将离去，我会，你会，我们所爱的人都会。要和眼前这个世界说再见的日子终会到来，只是不知道在何时何地。可能是明天，也可能是下个星期，又或者是在很多很多年以后的某个深夜或清晨。让人着急的是，有人那样心安理得、日复一日地"梦游"在这个世界上，像是末日永远不会到来。我们会对孩子发火，会一声不吭离开数日，会和周遭的人陷入冷战，会大把大把浪费大好年华……

　　总说人到了生命最后一刻，绝不会再想着工作，有太多太多弥足珍贵的事！还记得阿特生命的最后一个礼拜，我全程在旁陪着他，无时无刻不在表达有多爱和多珍惜对方及这份情谊。

我们活在一个快速翻篇的年代，很多人都已临近疯狂边缘；这又是一个资讯泛滥的年代，信息传播的速度快得惊人，所有通信工具、手提电话，挤占了我们陪伴家人吃一顿晚餐或深情拥抱的时间。更有甚者，见孩子都需要预约，更不用说当我们真和孩子们相处时能否心无旁骛，度过高品质的时间。"高品质的时间"？其实根本没有这个说法，时间就是时间，无论怎样它都在悄然流淌。只是确实有很多人把时间浪费在了太多无意义的障碍上，令人叹息！

科技改变了我们的生活，是好事，也是坏事；但它不能，也不会改变人类基本的人性和状态；不能改变我们是谁，以及心中的感受。越多科技，往往会导致越多迷惘，致使我们盲目自大地相信以人之力就能掌控自然和生命的规律，充满征服欲的眼光热切地望着未来。未来永远只是未来，正在影响我们的人生轨迹的是此刻和当下的切身感受，为什么不能只是纯粹地和这份感受在一起呢？

想像你正躺在床上快离世的孤独一刻，不知道是否会叹息原来我们等了许久的"将来"就是这般模样。相信此刻我们的世界里已不会为那辆全新的跑车、迷你型的电脑、大脑芯片电话、20分钟由纽约直飞墨尔本的新技术而泛起兴奋的涟漪。

乔·瑟斯（Joe South）在《人间游戏》（*The Games People Play*）里唱得好：

> 你看那些人们正玩着的游戏，
> 每一个日日夜夜都在癫狂继续；
> 从没人在此刻说出心中的话语，
> 只是在游戏的象牙塔里，
> 荡涤尽生命的意义；
> 直到他们被鲜花覆盖，
> 抬进黑色轿车的后椅。

如果明天真的不会再来了，会怎样？当我们真的躺在黑色轿车后座上了，又将如何评价此生？这些话说得沉重了，但值得每个人深思。回过头来，我们会如何看待身边的人？是否还有伤痛在等待修复？有没有经常向家人表达你对他们的爱意？是否能放下或原谅那些指责过你的人？是否能原谅曾经做过羞愧之事的自己？换句话说，我们是否太匆忙或太迷失，以致没能处理好生命里最重要的事？要不还像之前那样，留给明天再解决？"明天"又在哪里？……

1999 年 11 月，杂志《绅士季刊》（*Gentlemen's Quarterly*）中有过一篇关于关于传奇音乐人物弗兰克·辛纳屈（Frank Sinatra）的文章，题为《全世界最孤独的人》（*The Loneliest Guy in the World*）。作者萨姆·卡什纳（Sam Kashner）引述了弗兰克两位工作伙伴的话。著名影星布拉德·德克斯特（Brad Dexter）解说道："在最后的时光里，弗兰克的孤独源自他无法正视真实的心念。"弗兰克的企宣彼得·莱文森（Peter Levinson）补充："对我来说，弗兰克是个伟大的艺人，也有着一颗迷失的灵魂，迷失在了他的辉煌和耀眼的光芒中。请看看他墓志铭上的话——最好的还未到来。从这句话中，你读到了什么？"

无止境等待未来的人：

—不知道、忘记了、逃避着真正重要的东西；
—脚步匆忙，闻不到夏日盛开的玫瑰花香。

只为当下绽放的人：

—承诺付出时间和精力，建立和挚爱间的亲密；
—在流淌的时间和空间里，清醒定位人生的坐标；
—清楚所有事情的优先顺序，有自己的处世原则。

36

新生，唤醒你与生俱来的卓尔不凡

"当洞察世界的窗户被擦亮，人们就能看到无限的真相。"

——威廉姆·布莱克（William Blake）

记得刚踏入千禧年后的几天，我看了一则犀利评论日本青少年的报道。它指出日本新一代正处于巨大变革之中，快餐文化正侵蚀其民族的传统精髓。成千上万的日本青少年把头发染成金色，穿上厚厚的增高鞋。孩子们不仅看起来有些"怪异"，也有不少人在时代的洪流中感到痛苦，看不清自身价值，变得自我憎恨和厌恶。日本青少年监狱的拥挤程度也日渐堪忧……

我猜想那些孩子们，他们真正的迷失，并非在于青春的一度燥热和不安，而是他们无法面对和接受自己作为亚裔人种个头矮小、头发乌黑的事实。人种生来注定，在日本土生土长的孩子们或许永远都无法成为他们心目中高大俊挺的美国加州人，又或者是金发碧眼的北欧挪威人。即使整容技术再发达，也无法完全改变民族赋予他们的基因和特征。

这也许只是特定时代下的阶段性现象而已，但也提醒我们，要做些什么，让自己和我们的下一代因内心而丰盛，而非外在与躯壳。

我该怎么做？

整本书看到现在，相信你多多少少在寻找一些答案：关于如何成为一个新生后的人，拥有乐活人生；关于如何赶走讨厌的障碍和匮乏感；如何校准偏航的人生轨迹，清理羞愧、内疚、受害、抗拒的体验。

我很理解你此刻的感受，因为你已感到疲累、厌烦，既怕又忍不住会拿自己的现状和他人比较，也不想再以过往的样子继续生活，想做出改变。这些都可以理解，然后问题是，我们可以做些什么？又将怎么做？

好吧，这就给你一直在等和找的答案：

忘了吧！人根本就没有"从本质上改变"这一说。现在不能、明天不能、任何时间都不能。我们一直都拥有着最本源的自己——过去、现在、未来——始终保持并存在着。

"完美"一词也是令众人前赴后继的伪命题和理想国，人永不可能完美存在，甚至连接近完美也是奢望。如果你仍持续在寻觅完美的工作、完美的体型、完美的伴侣、完美的孩子和完美的人生，那你一定会感到压力、疲累、失意。它会要你以时间、金钱、眼泪、心智作为代价。从没人说过，不完美有错；又有谁能理清什么是完美？或是谁指责了不完美的你不够好？

如果你跟我们研讨会上的大部分学员一样，这会儿没准就会想：难道我花钱买了这本书，最后只换了一句"我就是我，不会有任何质的改变？"

是的，亲爱的，我会依旧坚持我所说的，你也可以坚持之前的所有念想。

所抗拒的弱点，即是痛处

追求完美，是因为我们相信一定有一个"正确"的方法来存活于世，很多人都如此坚信着，于是我们做计划、定目标、划航线，义无返顾、踌躇满志地踏上了这条"正确"的路，渴望终有一日能接近完美的神坛。在这个过程中，需要克服或抗拒太多自身假设的"弱点"。而之前说过，越抗拒的，它越持续。人会一次又一次地和眼中的"弱点"纠缠交战，不断在原地制造更多的损耗，因为你的焦点已无法从那个黑点上挪开。

让我们再一次重申，抗拒弱点，弱点就会更顽固，愈加根深蒂固、不可撼动。因此我们瘫倒在它跟前，疲软无力。换句话说，其实我们是大可不必理会这小小黑点，继续朝前迈开大步欣赏沿途风光的，而此刻我们分明停留在了原地，被小黑点支配到"五体投地"。

或许起身的唯一办法，就是完全接受自己的本来模样，明白寻找"正确"之路和完美终点，只会带来痛苦，蚕食真情、创意、喜悦。有智者曾说"旅程就是终点"，正如很多人都说"人生就是一场旅行"。每个人迟早都会到达终点，那里和此刻脚下的土壤会有多大不同呢？你又会因此而有所蜕变吗？学习和体验带来的满足感从来就在途中，不在终点。

我们努力"改变"，尝试裁剪一个完美的世界送给自己做礼物，嘉许一路上的辛苦。是"幻想"在控制着那个世界，而非现实。宇宙从来不由得我们控制，活着的世界充满不完美和不确定。万物重生也将离去，世界有序也充满混乱，一切都以其本来面貌真实存在。

看看镜子，现在到了哪一步？

你现在或许看到了抗拒是多么没有用处。如果你仍想着"改变"，没人会阻拦，但那只会拉长徘徊的时间。相信最终聪明的你，还是会亲身领悟到一些事的真相。只是如果是我，我会选择当下就接受自己——独特、唯一的自己。正如有首歌唱的："永远不会有另一个你"。

人生是一连串的选择，眼下请只瞄准两条：

1.继续抗拒自我，和弱点对抗，咬牙切齿，不消除它们誓不罢休。

2.停止抗拒，接受并专注于你的独特，彻头彻尾学习如何去爱自己。我们是一切感官和体验的源头，也是盛开在这个世界万紫千红中的一抹亮彩。

我可以向你保证，如果你选择了第二条路，你一定会如释重负！

请问，你闻过阳光布洒树林后清新的空气吗？你曾在大自然散发的芬芳里纵情陶醉过吗？你曾发自内心地拥抱过那个一直在你内心的孩子吗？你曾被温情融化过吗？你曾心安理得地发自内心微笑流淌喜悦吗？这些都会有。

下面是我的朋友兼英文出版人彼得·舍伍德（Peter Sherwood）为本书写下的有趣文字——《给独特但不完美的你》：

"你的鼻子太大太塌，你的皮肤太粗糙；总觉得自个儿腿短身子长，一双斗鸡眼。从来没有大人物正眼瞧过你，你也总在关键时刻说错话。

好了别纠结了，换个频道想想伟大的事情，遥控器就在你手上。从来没有另一个人像你一样，谁都不能否定你已出生这个神圣的小概率事实。所以只为生存而活着多没劲，不如转身为生命而活。

如果你非要完美，那我就给你完美——那个人一照镜子就能看到。请你放松着舒展开，露出最"没心没肺"的笑容，你正是如此独特而美好！

哦，对了还有个好消息，那就是永远没人能改变你的这份独特与美好……"

生存？生活？生命！

"你永远都不会改变"——30多年前我听到这句话，是在最早参加的研讨会上，当时我比任何人都更难接受这一说法。直到几个月后，我才领悟到了它对于我的真实性。"对啊，我已经是最独特的存在了！"那天是我印象中相当快乐的一天。这份快乐，来自领悟到了自己不再需要刻意"完美蜕变"，或成为一个本不是自己的"我"的如释重负。"我就是独一无二的罗伯特·怀特！"那段时间以来，我心中一直默念这句真理。你说我自欺欺人、自我麻醉取悦都无妨，因为什么都改变不了大自然规划好的伟大事实。从此我的人生便没有比较，也无需比较，生命就此展开雪白等待我纵情书写的人生新页章！

"你永远不会在本质上改变"，我现在正更坚定地把这句话传递给身边更多需要的人手中，包括即将阅读完此书的你。然而我们可以改变的，是自身的选择和定义。大可放下那些让我们负重不堪又毫无价值的石块，在觉醒中，以负责任的态度，不断和内心及他人进行有意义的沟通，你将突破性地延展生命的张力，从而耕实生命的沃土，培植出每个当下的饱满果实。

那些果实里裹着滋味不同的各种可能性：惊喜、潜力、才华、健康、富足、爱情、亲情、事业、良师、益友、知己。凭借着你与生俱来的力量，你完全能将所有甘甜美好一一收罗品尝。没错，这些全部都尽在你的掌握之中，值得衷心感恩，感恩自然也感恩你自己。

最后要再问你一个问题，之前也曾问过：人是为生存而活，还是为生命而活？

亲爱的，你无须向我回答，我永远都会衷心祝福你乐活此生，成就与生俱来的那份卓尔不凡！

第五章

溯源

回家，不仅是回到宇宙的怀抱

卢致新

37

禅宗传承的启示

　　众所周知，禅宗原来属于印度文化。2500年前，有一次佛祖释迦牟尼在灵鹫山上说法，拈起一朵金婆罗花，意态安详，却一句话也不说。大家都不明白他的意思，面面相觑，唯有摩诃迦叶破颜轻轻一笑。佛祖当即宣布："我有普照宇宙、包含万有的精深佛法，熄灭生死、超脱轮回的奥妙心法，能够摆脱一切虚假表相修成正果，其中妙处难以言说。我不立文字，以心传心，于教外别传一宗，现在传给摩诃迦叶"。然后把平素所用的金缕袈裟和钵盂授与迦叶。这就是禅宗"拈花一笑"和"衣钵真传"的典故。中国禅宗把摩诃迦叶列为西天第一代祖师。据说，这就是禅宗的起源。后来禅宗第28代祖师菩提达摩来到中国，将禅宗传给了第一个中国人——慧可，达摩成为了中国禅宗的开山鼻祖，慧可成为二祖，接续了达摩祖师广度众生的事业。接着，慧可将禅宗的法脉经僧璨、道信、弘忍，传到了六祖慧能，一代又一代，祖祖相传、佛心相印，慧能和弟子们把禅宗普及到神州大地。慧能的伟大贡献在于，将原来属于印度文化的禅宗与中国文化融合，将如来禅发展为中国禅（也叫祖师禅），禅宗就成为了中国文化的一个组成部分，然后传播到全世界。他的另外一个伟大贡献在于，主张明心见性之后，在世间行菩萨道："佛法在世间，不离世间觉。离世觅菩提，恰如求兔角。"所以，我们的灵魂回家、回到宇宙的怀抱，不是最终的目的，而是要把宇宙神圣的爱和智慧带回人间，才是禅宗的根本所在。

　　禅宗的传承故事很美，达摩祖师是携带禅宗种子的人，在中国找到了撒播种子的土壤，经过祖师们一代又一代的精心培育，终于长成大树，庇荫天下苍生。

40年前，罗伯特等人吸收了东西文化的智慧，创立了生命动力训练系统（Life Dynamics，简称ARC，即Awareness Responsibility Communication缩写），这些智慧的源头之一就是东方的禅宗。从禅宗的传承中，我得到了领悟和启示：

一、人类是整体性的，虽然文化有差异，但人类的本性是一样的。禅宗诞生于印度，在中国扎根，在全世界开花结果，就是一个经典的证明。ARC诞生于美国，20年后在中国扎下了根，2015年中国生命动力协会成立就是另一个证明。展望未来，对于ARC在中国开花结果，我充满信心，因为人类的本性是共同的。正如罗伯特说的："我们正在创造：一样的世界，一样的人！"

二、中华文化具有伟大的包容度。综观历史，中华文化从古到今一直能够吸收外来文化，结合本土文化，转化为一种适合本土的更广阔的文化。禅宗的种子来到中国，与道家、儒家和民间的文化融合，在六祖慧能那里开花结果，成为了别具一格、举世闻名的中国禅。20年前，我很荣幸地将ARC的种子从中国香港带到中国大陆，现在已扎下了根，正遇上开花的美好时节，我们期盼ARC在中国结出丰硕的果实。目前，在中国做ARC训练的平台有几百家，许多机构和导师已经对课程做了很多的演绎和改版，比如：有人结合了西方心理学、哲学；有人结合了国学、禅宗、道家、儒家；有人结合了NLP，有人结合了其他流派……毋庸置疑，这些改变非常有创意，具有探索性和有效性，但在核心范畴上的把握还需下功夫。如果我们愿意静下心来，在自己的心性上下功夫，坚守初心，把握好范畴，如祖师们将禅宗发扬光大一样，ARC一定能够跟中国的文化相结合，开出美丽、丰硕的果实。

三、文化的传承需要继往开来，与时俱进。慧能的伟大之处，在于将禅宗中国化、平民化，成为中国佛教的主流。慧能是一介平民，目不识丁的樵夫，却开创了"直指人心，见性成佛"的顿悟法门，把原本外来的佛教进行了彻底的中国化、平民化的改革。ARC能够在中国更深地扎根，一定要遵循取势、明道、优术的规律。21世纪已经是一个网络的时代，跟40年前创造ARC的时代完全不同。这个时代其中一个特点是，中国的80后、90后的企业家们，他们大部分是用脑子思考问题，透过网络得到的资讯非常宽广。他们很多人年轻的时候就暴富，电子商务创造了很多神话，所以他们的思维方式和心态跟上一辈的人是完全不同的。第一，他们对老一辈没有一种很强烈的崇敬感，因为他们觉得自己少年得志，站在时代潮流的最前沿。另外一个，他们的思维方式是颠覆性的，因为电子商务需要颠覆性思考才能创新成功。所以我们要掌握这个时代的学员特点，用一种与他们同修的出发点，跟他们一起去探索，这样才会与他们产生共鸣。这是时代的呼唤，我们要听到时代的呼唤而做出转移。教导者要先转移才能令学员发生转移，但无论怎么转移，核心范畴是要坚守的，正如禅宗所倡导的，"不忘初心，方得始终"。教学相长，我们在教导学员的时候，自己也在蜕变。禅宗不离世间觉，ARC的道路也是一条自觉觉他的道路。

38

ARC 的起源及在中国的发展

谈及生命动力系统（ARC/Life Dynamics，以下简称 ARC）的起源，我们只能提供一个大概的发展路线。因为面对历史我们无法用全面而精准的角度去诠释所有，每一个人都有自己的版本，事件是中立的，历史也是中立的，但诠释它的人会带有自己的历史观。我们的着重点：一方面是探源，另一方面也是更重要的方面——活在当下，着眼未来。在综合了老一代导师们提供的信息后，我们整理出课程体系一个大概的发展轮廓，供大家参考。

从大众自我意识觉醒训练的先锋——"思维动力"（Mind Dynamics）开始，这套课程便开枝散叶，源远流长。在"思维动力"之后，出现了"生命源泉"（Life Spring）和 EST 等有重要影响力的培训公司。EST 后来发展成为"地标"（Landmark），他们在课程形式和内涵上做了很多的调整，而这个分支体系则成为目前全球最大的培训机构。"生命源泉"由罗伯特·怀特创建，之后又吸引了志同道合的几位创始人 John Hanley Sr.、Charlene Afremow、Randy Revell、Larry Jensen。近年来他们发展出蜕变理论，并以蜕变范畴引领课程。而罗伯特·怀特在这之后选择了向其合伙人出售股份，积极开拓新的领域，于 1978 年成立 ARC 国际（ARC International），并在日本开始传播生命动力（Life Dynamics）课程，至此课程便开始传入亚洲。

1994 年，早前任职于 ARC 的团队成员，在香港成立了"亚洲行"（AsiaWorks）。再后来，"生命动力"的毕业学员和 AsiaWorks 的员工携手建立了"汇才"（Top Human）。这些都与 ARC 有着很深的关联。

2001年，部分ARC香港的员工又离开原机构，新创办了"生命馈赠"（Legacy）和"下一站亚洲"（Next Stop Asia）。

1997年，"汇才"在广州和深圳开设平台，结合教练技术，将原来的训练体系发展为"人本教练体系"。1998年，卢致新和同事将ARC训练体系从香港带入中国内地，在广州开设ARC第一家平台；接着，卢致新和同事相继将亚洲行带到广州，开设另一家平台。至此ARC训练体系正式传入中国内地，并与同时期崛起的其他平台一起在中国广为传承ARC训练，ARC训练如雨后春笋般地在中国大地发展起来，目前中国有几百家平台做"生命动力"或"人本教练训练"。特别嘉许昆明启源、长春本源、愿景集团、上海大业堂、上海同泰、北京邦悦、江西纵横、广州慧英智、宏才平台成为行业的领先者；北京德融达、长沙罗贝尔、河南海纳、重庆南岸栎才、成都源泉、华仁基业、源泉力量、兰州辰熹、翱鹰、润涵、聚海正在成长中；河南海纳、沈阳恒智，十多年来一直默默地坚守ARC训练的精神、原则和品质，不忘初心，赢得同行的赞誉；"暖光平台"是原团中央所属中华儿女报刊社开办的体验式训练机构，开创了"生命动力"与中国政府培训机构相结合的新局面，为"生命动力"取得政府的认可和支持拉开了序幕；北京邦悦、昆明启源、长春本源运用新的运作方式使ARC这套训练得以茁壮。成都海纳、成都源泉和河南海纳，为探索个人范畴和蜕变范畴的辩证运用及与中国文化的结合作出了贡献；北京蓝丝带家园成为第一个全国教练技术老同学交流互动的平台……无法将从事ARC事业的每一个人的事迹和平台的发展历史一一道尽，我们在这里所描述的，不过是沧海一粟，冰山一角。在这个领域里，每一个人都经历过成长的痛苦、蜕变的喜悦，乃至人生的丰盛富足，每一个人都有他的传奇故事。那些没在这里记载的人名和平台，其中很大一部分，如同我们课程中的仆人一样，是最大的付出者，人们一定会将他们记在心中的史册里。

ARC训练体系在经历了20年的风风雨雨后，于2013年，在中国人力资源和社会保障部的关怀下，中国企业教练联合会成立，吴繁任会长；2015年，由卢致新、曲贵方、刘亚峰、艾东、孙瑜、王亚琦等人促进，中国企业教练联合会生命动力总会成立，ARC训练与人本教练训练一起正式列入中国国家职业培训体系，体验式训练在中国进入了新纪元。

一、ARC 传承的根本——通宗通途

从 17 年前 ARC 这套训练系统来到中国，到如今它已经影响了无数的个人、家庭和企业。对于个人而言，它能非常有效地转换个人的心智模式，开发个人向内探索、醒觉和创造最大可能性的能力；对于家庭而言，它使家庭成员愿意醒觉自己的"标准"与家人"标准"的差异化，在关系的运作上不再固守己见、争执操控，从而创造出一个包容、接纳、有爱、和谐的家庭环境；对于企业而言，它让管理者反求诸己，在醒悟中有效地从事企业管理工作。

在中国这套课程往往被称作"教练技术"。是因为当这套课程体系引入中国后，一些导师和平台融入了教练技术的元素，对课程重新做了设计和改版，并且曾经在中国的培训领域产生了很大的影响，所以许多人对这套课程就一直沿用"教练技术"这个称呼。现在"教练技术"已经发展成为"人本教练体系"。

"人本教练"大致上分为生命教练和企业教练。生命教练基本上遵循 ARC 原有的训练体系，发展出九点领导力；企业教练从 20 世纪 80 年代在美国兴起，广泛地被欧美大陆商业领域应用于管理中，并已创造出丰硕成果。随着中国的改革开放，大批世界 500 强外资企业在中国开设分支机构，企业教练技术带进了中国，将 ARC 训练结合企业教练技术应用于制定战略计划、绩效管理、人力资源发展等领域。企业教练运用有架构有方向的发问，聚焦于帮助被教练者厘清目标、调整心态及制定下一步的行动计划。

"生命动力"在同一时期开设了 ARC 教练系统。ARC 教练系统的优势在于，首先运用训练打开被教练者的心理空间，干预被教练者的信念系统，促动被教练者醒觉及突破限制性的信念及停止自动化反应模式。更重要的是，ARC 教练系统相信，个人核心范畴比外在的技能更

重要。因此，ARC 教练系统更加关注教练的自我醒觉程度、心态转移的速度，以及个人范畴的中正。通过 ARC 系统的训练，再修习企业教练管理技术的管理者，普遍认为突破心智模式的训练有助于自我教练，及教练他人和团队。在 ARC 教练系统参与的企业教练管理时代浪潮下，中国社会各领域均开展了企业教练的探索和研究。

纵观当今的 ARC 训练，形式多变，花样繁多，许多机构和导师已经对课程做了很多的演绎和改版，比如：有人结合了西方心理学、哲学；有人结合了国学、禅宗、道家；有人结合了 NLP，有人结合了其他流派……毋庸置疑，这些改变是非常有创意的、具有探索性和有效性的，只是许多人改动的着眼点是基于技术层面的，而在课程核心范畴的探索上却很少下功夫。课程的核心范畴，就是课程的宗旨。如果偏离课程的宗旨，即便采用完全相同的环节，传递出的都是完全不同的范畴。

禅宗里有个说法叫"通宗通途"，宗就是宗旨、核心；途就是通向宗旨的途径、工具和方法。如果通宗不通途，就不落地；如果通途不通宗就会迷失。所以宗途要一起双运，不能偏倚。这套课程从诞生到现在，已历时 40 年，现已遍布世界各地。虽然这是一套由西方学者和导师们创造的培训体系，内核却和我们中国传统文化的精髓完全一致。课程的宗旨就只有一个字——"道"！这个"道"，不是哪家哪派学术上所主张的"道"，那样的"道"只是道理而已，会引起学派之争。这个"道"指的是一切存在的本质。20 世纪 60 年代，现代物理学发现物质是由比中子、质子这一类强子更基本的单元——夸克（Quark）组成的，而夸克的特性就是"不确定性"。这个"道"，就是宇宙本来的面目：一切存在的本质——不确定性。但是人们却喜欢活在与存在的本质相反的确定性里，活在惯性里，活在固定的框框里。这套课程的核心就是"蜕变"：从存在的本质——"不确定性"出发，打破人们思维、情绪、行为等等的确定性和惯性，让人们带着醒觉与道同行。它唤醒人们对自己每个当下的察觉，超越确定性的自我，从一个被惯性所制约的生命，蜕变成为一个自由的、与当下的"不确定性"相应的活泼泼的生命。它所倡导的就是生命当下的醒觉和转移，重新设计自己的生命，从"不确定性"中创造崭新的生命、崭新的家庭、崭新的团队、崭新的企业、崭新的环境……总之，每一刻都活出"崭新"——这就是课程的宗旨，而这样的宗旨恰恰也是中国儒释道文化的精髓。

目前在中国从事 ARC 训练的平台有几百家，而且有越来越多的平台如雨后春笋般涌现。纵观全国的三阶段平台，真正能持久稳定地做下来，而且走出自己道路的只是凤毛麟角。很多平台一路上走得跌跌撞撞，起起伏伏。我们嘉许那些在这个行业里一直付出和坚守的人们，但是想要把 ARC 训练传承下去，造福更多的人，却不只是拥有一颗好的初心就可以的。平台首先需要不断地修炼自己，提升运营的专业化能力，而导师和教练也要不断地在自己身上下功夫，守住自己的职业操守，这样我们才能净化行业的大环境，增加 ARC 训练体系在培训行业的含金量。

作为 EST 的一个发展，"地标"（Landmark）是目前体验式培训全球做得很大的一家培训公司，除了平台运作的专业化以外，他们所有导师都要经历至少10～12年以上的训练才有资格去传授课程。所以一家运作优秀、持久的平台，一定是首先愿意在自己身上下功夫的。而且我们也要看到一个趋势，就是引领世界文化的主流越来越倾向东方文明，尤其是中国和印度，包括"地标"的课程即大量融合了禅宗的精髓。

作为中国的本土化导师和平台，我们已经拥有了得天独厚的文化背景支撑。而能够将中国传统文化的博大精深嫁接到我们的平台和导师身上，是需要我们真的愿意沉下来去探索和修行的。据了解，目前中国已经有一些平台走在这样的道路上，而且影响力越来越突显。有的和禅宗结合，让禅以生活化的方式活泼地呈现出来；有的和道家结合，让人体验到无为而无所不为的自在；还有的和儒家结合，回归修身齐家治国平天下的圣贤道路。智慧与方便共举，这样的探索和升华真的让人振奋。

当今，无论东西方都呈现出追溯中国古代文明和智慧的潮流，而这套课程就宛如一艘及时的渡船，能够有效地承载我们去领略那源头的风光。所以，从事和喜欢 ARC 这套训练的人，不管是从哪个体系出发，都值得将 ARC 训练传承和发扬下去，同时能够将中国传统文化的精髓赋予其中，与时俱进，造福于更多的人，也贡献给自己。

殊路同归，ARC 训练在中国传承和发展的根本就是通宗通途，宗途不二。

二、ARC 体验式教学和范畴的探索

体验式教学在东方最早可以追溯到 2500 年前佛陀、老子、庄子等体证宇宙智慧的修行法门，在西方最早可以追溯到 2500 年前古希腊哲学家毕达哥拉斯、苏格拉底、柏拉图等哲人的教学方式。他们教导弟子是以情景教育、发问和体证的方式，而不是灌输概念的方式。这是体验式教学在人类鼎盛的时代，也是人类从蒙昧攀升到意识的顶峰、智慧开花的时代。无论佛家的开悟，道家的修道，还是哲人的探寻，无不透过体验而达到最高的成就。

关于 ARC 体验式培训的历史和背景，美国第一代体验式导师基思·本茨（Keith Bentz）在一篇回忆录中提出：ARC 体验式培训的起源是基于美国著名心理学家马斯洛的研究理论。在马斯洛之前，心理学聚焦在研究那些有情感和思维等方面问题的人们。而马斯洛则是第一个研究那些生命中创造出卓越成就的群体的心理学家。每一个被研究的对象，他们都在其所在领域取得了突出的成就，这些领域涵盖了科学研究、医药、教育、体育、商业等等。

基于对各个成功人士分享的研究，马斯洛深入地透析了人的思维模式、行为模式。之后，他便聚焦于如何让普通人成长为卓越的成功人士，如何激发普通人更多的潜能，如何让普通人生活得更幸福、丰盛等方面的研究。

源于马斯洛的贡献，在 19 世纪 60 年代，美国兴起了人类潜能运动（HPM）。美国著名作家和教育家乔治·莱昂纳多命名了这一运动。人类潜能运动致力于找寻各种方式去帮助、支持人们突破局限，达到更高层面的喜悦、活力、呈现。

马斯洛、莱昂纳多和其他人借鉴了世界上许多智慧，去探求一种教育培训模式，希望通过这种培训模式可以支持参与者达到生命的高峰状态，从而突破自己创造更高层面的成就和满足感。这些智慧的源头包括来自亚洲的合气道和禅宗，以及来自英国的野外探险训练等等。而技术基础是来自美国的波尔斯博士（Dr. Fritz Perls）的完形心理学和哈夫洛克·埃利斯博士（Dr. Havelock Ellis）的认知疗法中的顿悟。

在探索的过程中，研究者们发现传统的课堂教学模式：讲课、读书、记忆信息、考试等等，不足以深刻地改变人们的行为模式。而人们透过体验式的学习，通过积极参与具有挑战性的练习，重现真实生活中的情景，能支持人们更好认知和看清自己。更重要的是，这样的领悟和认知会在参与者生活中延续正向积极的改变。

第一家提供三个阶段体验式培训的公司是美国的"思维动力"，在19世纪60年代末期，其领导者是英国人亚历山大·埃弗雷特（Alexander Everett）。"生命源泉"的约翰·汉利（John Hanley），EST的沃纳·埃哈特（Werner Erhardt），"雅尔康"的罗伯特·怀特都曾为亚历山大·埃弗雷特工作过。我们熟悉的基本课程和深进课程（一、二阶段）创造于1970年代初期的加州。有许多人为这两个课程的范畴和内容做出了重要的贡献。

一个很重要的贡献者是约翰·安莱特（Dr. John Enright），他是旧金山肯尼迪大学的著名心理学教授，也是著名完形心理学家波尔斯博士（Fritz Perls）的亲密朋友和学生。虽然他自己不做导师，但他对第一代醒觉和蜕变导师有非常深远的影响和贡献，之后这一批导师们也把这类体验式培训带入了亚洲。

今天我们培训中的许多环节，尤其是个人成长范畴的部分，很多来自于完形心理学。完形心理学的名字"gestalt"是德语，意为模式或结构。完形心理学在心理学领域中最先注意到人类领悟世界及自己的方式是一种整体认知方式，是结构化的整合模式，而不只是对独立事物的认知或个体经验的简单累积。通过把我们的感知投放到整合模式中，我们意识并感知整个世界，而且有能力去理解我们感知的是什么。与此同时，我们发展出思维模式、情感模式、行为模式等种种模式，这些模式让我们有能力去决策和采取各类行动以确保生存。但是，就如同完形心理学家们认识到的，这些模式大多数是在我们小时候及成长过程中学习到的，一旦学到后就开始变得固化。我们习惯于用"正确"的方式去思考、感觉和行动。在过去，这种"正确的"方式曾经帮助我们生存。但是当处境和情景变化时，因为"正确的"模式曾经是有效的、行得通的，我们就会继续沿用旧的模式去思考、感觉和行动，而不是转换。因此，那些曾经帮助过我们生存、成功的种种模式，可能成为我们自身的陷阱和局限，让我们不能前进，甚至会导致失败和不幸。

波尔斯博士和其他完形心理学家强调，实现我们作为人类的全部潜能，意味着去醒觉我们学习到的思考、情感、行动的种种模式，并且突破这些模式的局限，使我们能够对当下的一切做出自由的、自发的、开放的反应。所以，这个醒觉、突破、自由的过程就是所有培训的根本。

底层上，所有在一阶段和二阶段培训中所做的练习，都为我们提供机会去醒觉对自己和世界早已形成的信念，我们的行为模式就是基于这些信念。而且，这些练习也为我们提供机会去突破这些旧有模式，到达一个开放和充满可能性的层面。

运用完形方法，安莱特博士创造了很多非常有力度和难忘的体验式练习。一阶段课程里很多练习都来源于他的贡献，如"诚实与选择"练习（停、看、选择、投票、做）、父母练习、二人对话练习（比如受害者/负责任对话）等等。当然，在一阶段课程中还融入了其他对自我醒觉有很重要作用的练习，比如红黑游戏就是借鉴了一个教堂牧师在传道过程中设计的游戏等等。通过这些培训和练习，已经有上百万人醒觉和突破了旧的、限制性的思维、情感、行为模式。

罗伯特·怀特认为："整个过程中有最核心的三个点——觉醒（Awareness）、责任（Responsibility）、沟通（Communication），取其英文首字母称之为'ARC卓越品质'，这三个品质是我们所从事这份事业的框架性基础。"

"生命动力"（ARC/Life Dynamics）从诞生到现在，除了课程环节和练习不断丰富之外，在课程的内核和范畴上也在不断演化和发展。体验式课程从最初以完形心理学为背景的个人成长范畴，后来演化出了以存在主义哲学为根基的蜕变范畴。两个范畴一个从"有物"（Something）出发，一个从"无物"（Nothing）出发，它们虽然有很多区分，但并不是对立的关系，而是相互丰富和补充。个人成长范畴从体验式培训诞生到现在一直广为沿用，目前国内外绝大多数导师和平台传递的都是个人成长范畴。而蜕变理论和蜕变范畴则是近十多年由"生命源泉"的约翰·汉利开始创立，所以目前能够传递蜕变范畴的导师和平台不多，但是蜕变范畴的出现对于体验式培训的发展是一个非常重要的贡献。尤其是对于中国的文化背景而言，蜕变范畴对于我们将体验式培训与中国儒释道文化精髓的结合是一个非常好的桥梁。

谈到蜕变范畴，我们首先就需要对"蜕变"有一个定义。

蜕变是关于范畴上的彻底转移，是从"有物"的范畴彻底转移到"无物"的范畴。它是从一套基本的假设转换成一个对当下创造的立场，蜕变发生于当一个人认知到他所看到的现实其实只是来自于他的一个角度和版本，然后放下之前假设的现实，面对当下和未来采取一个新的可能性的立场。

约翰·汉利认为：人类历史上，很多有着深刻探索的老师，就活在这样的蜕变里，如苏格拉底、佛陀、老子、毕达哥拉斯、柏拉图、耶稣、莎士比亚、达尔文及尼采等等。这些对于人类本性有着非常深入探索的老师，他们每一个都看到：人是被设计的，从一出生便开始被当地的文化、道德、父母教养等等输入了程序，然后也深深地打上了自己所处的时代和地域的烙印，他本能地学会了"求存"的策略。这个过程的发生是无意识的，而我们也无意识地深深认同了这样的策略，于是我们的思维、情绪和行为都开始慢慢地固化下来，我们每个人都被一个无形的框给框住了。

　　莎士比亚最出名的一句话"生存还是死亡?"（To Be or Not To Be?），这是一个全人类都要面对的主题，是要真正活泼泼地活着，还是死气沉沉地活？是要毫无保留地去爱，还是有保留地求存？这里没有任何绝对的答案，而是关于一个人愿不愿意为自己的生命去百分百负责任地探索。

　　在生命动力的训练中，我们会探讨范畴与内容的关系。蜕变瞄准的是转换你生命运作的范畴，当你转换你的范畴，也就重新雕塑了你生命中各个领域的可能性。这是一个容易理解，但不容易做到的过程，它需要从醒觉自己的生命范畴开始。

　　让我们来看看，撇除你人生中获得的成就及成功，你生命真实发生的体验是什么呢？你是否看见自己会有压力、不安全感、缺失感、挫折、内疚、忿忿不平及无聊的体验？你有被自己的生命启发吗？你满足吗？你有全然活出你的潜力吗？在你所有的辉煌和形象下面，你看到了什么？什么东西是让我们持续不断困惑的源头呢？

　　蜕变就是去到人类这个状况核心的过程，它是关于从体验上看清我们身处的困境，并且自我解脱的过程。要投入到蜕变中是需要勇气的，没有容易的答案或描述，这是一定要愿意睁大眼睛去看和体验的！

　　无论是个人成长范畴还是蜕变范畴，都有它们非常厚实的理论基础和高度，在指导学员的过程中也发挥着各自重要的作用。但是每个范畴也都有它的侧重点。卢致新博士在多年的教学实践和自我探索过程中，他看到这样的状况：个人成长范畴从"有物"出发，从这个角度一个人看到的是过去的经历障碍了他的现在和未来。所以过程中导师和学员就会侧重于对过去经历的清洗和放下，打开心门。这样的好处是体验深刻，但是学员看待过去发生的事情就容易变成实有了。所以，如果只是这样看，对于生命实相领悟的彻底性就不够，也正因为看不透，所以学员打开可能性的态度容易基于"有物"的可能性，而不是崭新的无限可能性。另外，个人成长范畴是基于个人过去发生的事件而产生的信念对当下和未来的影响，侧重于个体性的。

　　而蜕变范畴从"无物"出发，看待过去发生的一切都是没有任何意义的，所以不会关心学员的过去，重点放在启发学员基于未来，当下重新发现和创造自己想要的人生。这样的好处是断掉学员对于过去所有的留恋和执着，把发现和创造自己人生的力量重新拿回到自己手中，从"无物"出发，创造崭新的无限可能性，而不是交还给过去的经历。另外，蜕变是从人类的整体出发，从个体看到人类的整体状况，人类在同一艘船上承受苦难，又在同一艘船上解脱到彼岸。但是蜕变范畴容易产生的偏颇在于，头脑是有领悟了，但是心里的体验过不了关，很多人长期背负的负面情绪如果没有清洗，就很难放手，由于体验不充分，对于有些学员从头脑落在心上就显得困难了。

　　欣喜的是，个人成长范畴与蜕变范畴的矛盾，在我们传统文化中得到了化解。无论是道家的"一阴一阳谓之道"，还是禅宗的不二法门，都圆融地消除了成长范畴与蜕变范畴的界线。卢致新博士在20多年的教育培训工作中，与生命动力多个平台紧密合作，致力于中国传统文化的学习和探索，并向多位禅宗和国学大家参学，融汇东西文化，将个人成长范畴和蜕变范畴有机地整合起来，以禅宗主张的明心见性为教学的终极和根本的出发点。

　　禅宗所彻悟的玄旨，非空非有，非有非空，不落二边，要会此宗旨，非明心见性不可！由此可见，明心见性是人类解脱的根本课题。个人成长范畴和蜕变范畴，都值得我们尊重和运用，从"无物"出发，不执著于个人范畴和蜕变范畴，创造"万有（Everything）"，即无限的可能性。

　　所以，在传递生命动力精神的路上，我们值得去守住根本，以中学为体，西学为用，不断继往开来，共同书写体验式培训在中国的辉煌和高度！

39

用好这本书

溯源——回家，不仅是回到宇宙的怀抱，还要把宇宙神圣的爱和智慧带回到现实世界。

罗伯特先生根据他30多年的生活写了这样一部智慧之书，他与约翰教授从训练观察中提炼出卓越生命品质的三个要点——ARC：觉醒、责任、沟通，是这本书的核心，也是我们每个人蜕变之路的核心范畴。觉醒是蜕变的起点，一个未经觉察的人生是一个错过的人生，这样的人生一辈子只能在业力的循环里转圈。负责任就是我为我的人生掌舵，我不再是一个抱怨者和受害者，我了知我创造了我所体验的现象世界，一切与别人无关，我直下承担。沟通是一种能力，更是菩萨的境界，我出离这个业力的世界，带着宇宙神圣的爱和智慧重回现实的世界，有效地与不同人格模式的人沟通，感召他们，一起蜕变这个被集体无意识笼罩的世界，让意识之光在每一个生命的内在升起，拨云开雾，明心见性。所以，这三个要点，是人类通向自由王国的方便法门。

用好这本书，真正做到知行合一。

如果你是ARC训练的导师，用好这本书。时刻提醒自己，不要活在导师的神话里，导师只是一个岗位，以平常心做平常事。按照ARC三个要点去践行，从心出发，沟通你的体验，在自然的分享中去感召学员蜕变。

如果你是平台负责人，用好这本书。时刻提醒自己，不要在商业的浪潮中迷失。商业的成功是要的，竞争也是要的，但千万不要丢掉了初心。按照ARC三个要点去践行，从心出发，以感恩的心面对世界，以包容的心和谐自他，以分享的心回报大众，以结缘的心成就事业。你的平台会成为践行ARC精神的一盏明灯。

如果你是位教练，用好这本书。时刻提醒自己，不要在熟练技巧中忘记了核心范畴。不断在教练技巧上下工夫是要的，但与被教练者心与心连接更重要。按照ARC要点去践行，从心出发，在技巧上不断精进，以道御术，道术不二。

如果你是ARC的一位毕业生，用好这本书。不要课程结束就一切结束了。这不是一个学历证书，拿到了文凭就完成使命，这是你和我一生的功课，在每天的日用中去锻炼。按照ARC三个要点去践行，从心出发，每一天都创造你的卓越精彩人生。

如果你是一位对ARC感兴趣的读者，感恩你与我们结缘，你读到这本书是罗伯特和我的幸福。希望通过这本书，我们的心能够走近。通过这本书，你对ARC会有资讯上的了解，但是你要领悟ARC的精髓，一定要走进ARC的课堂，透过体验，让ARC的三个卓越品质降临在你身上，从此你便推开了人生从平庸走向非凡、乐活的大门！

最后，我写了一首诗献给我自己、罗伯特、同行的同仁们，以及所有在人生旅途里不忘初心的朋友们。

灵魂的归途

年轻时，我踌躇满志地出发，
只为了向世界赢得命运的筹码。
那一路上的掌声和鲜花，
让我曾以为已经驰骋于天下。
殊不知，身心已陷进业力的轮卡。

一路上我有过无数的朋友，
也听过一些责骂。

在关系的博弈中，
人人都在受苦、挣扎！
爱过、恨过、相拥时泪如雨下。
分分合合，说不清是为了证明，
还是为了制造一个美丽的神话。

直到有一天我才明白，
神话是带着光环的铁枷！
我们需要彼此照见，
去完成灵魂的升华。
离开，有时是为了体会在一起珍贵无价。
那些给过我爱和痛的人，
原来都是陪我度过人生四季的菩萨。

历经二十年的风雨生涯，
如今青丝中已经爬上了白发，
时常听见一个声音，
轻轻的、轻轻的跟我说话：
如果留恋于路途的风光，
灵魂就永远回不了家。
这叮咛唤醒我沉睡的眼睛，
让我瞥见心中的路——
关山重重，却挡不住满天彩霞。

我再一次出发，
蓦然看见，
多少人迷失在闹市的喧哗，
让我露胸跣足与芸芸众生手心相把，
这慈悲引领我们穿过红尘的迷雾，
迎来彼岸意识的光华。

参考文献

［1］卢致新：《培训方法和个体因素对培训效果的影响》，北京大学博士研究生论文，北京大学图书馆收藏，2004 年 5 月。

［2］卢致新：《创新教育形式，共创和谐社会——谈社会主义荣辱观教育与体验式培训相结合》，人民日报人民网，2007 年 4 月 20 日。

［3］卢致新：《通宗通途——体验式课程传承的根本》，新浪博客，2011 年 8 月 3 日。

［4］卢致新：《蜕变与个人成长的区分》，卢致新新浪博客，2015 年 9 月 27 日。

［5］卢致新：《ARC 训练系统概要》，卢致新新浪博客，2015 年 9 月 27 日。

［6］卢致新：《禅宗传承的启示》，卢致新新浪博客，2015 年 9 月 28 日。

［7］Keith Bentz、李竞译：《体验式培训历史和背景》，未发表，2009 年 6 月。

［8］Nathaniel Brandon, The Six Pillars of Self Esteem (New York, Bantam Books, 1994)

［9］Hyler Bracey, Ph.D., Building Trust (Self Published, 2002)

［10］Chin Ning Chu, Thick Face Black Heart (New York, Warner Books, 1994)

［11］Paul Davies, The Fifth Miracle (New York, Simon and Schuster,

1999)

〔12〕 Annie Dillard, The Writing Life (New York, Harper and Row, 1989)

〔13〕 Wayne Dyer, Pulling Your Own Strings (New York, Funk and Wagnalls and Thomas Y. Crowell Company, 1978)

〔14〕 Victor Frankl, Man's Search for Meaning (New York, Washington Square Press, 1985)

〔15〕 Richard Gillett, Change Your Mind, Change Your World (New York, Simon and Schuster, 1992)

〔16〕 Daniel Goleman, Emotional Intelligence (New York, Bantam Books, 1995)

〔17〕 Gerald Jampolsky, Love is Letting Go of Fear (San Francisco, Celestial Arts, 1988)

〔18〕 M. Scott Peck, The Road Less Traveled (New York, Simon and Schuster, 1978)

〔19〕 John Polkinghorne, One World, the Interaction of Science and Theology (Princeton, New Jersey, Princeton University Press, 1986)

〔20〕 David Remnick, King of the World: Muhammad Ali and the Rise of an American Hero (New York, Random House, 1998)

〔21〕 Anne Wilson Schaef, Meditations for Women Who Do Too Much (New York, Harper and Row, 1990)

〔22〕 Alan W. Watts, The Spirit of Zen (London, John Murray, 1958)

〔23〕 Lin Yutang, The Importance of Living (New York, William Morrow and Company, 1996)

〔24〕 Ravi Zacharias, Can Man Live Without God? (Dallas, Word Publishing, 1994)

让我们听听你的故事

我们非常希望听到读者们对《乐活卓越的一生》的切身理解。无论你的人生是否已完成了从平凡到卓越的蜕变，或者仍在路上、在课堂里、在这本书中，我们都想听到你的故事。如果能把身边人曾经历的各个宝贵"人生转折点"记录成册，这将极富意义！也正是我们下一步的计划。

在"醒来"之前，你的人生是怎样的？又是什么样的重大转折让一切从此不同？这些具有转折意义的事件，在眼下你的生命里又扮演着怎样的角色？

你的故事非常珍贵！请分享至：robertwbook@qq.com
我们将择优摘录，以心唤心，同时也将保留出版及编辑的权利。

请把此书分享给身边的家人和朋友

把收获和感悟传递，只需电邮至：robertwbook@qq.com
或添加微信号：Robert White / 13045842963
或关注公众号：乐活卓越的一生
进行订阅，便可享受优惠和惊喜！

邀请作者进行演讲、授课，或担任顾问

作者罗伯特·怀特先生，是位有着强大启发力量，又风趣睿智的演讲者。他为大量企业、政府、协会、社区组织及广大个人听

众，带来有关领导力、有效人际建设，以及"乐活卓越的一生"的高价值思考与启迪。

从45分钟的浓缩演讲，到半天的深入分享，再到连续数日高强度的专业团队训练课程，罗伯特·怀特先生将透彻展现"觉醒"、"责任"和"沟通"的力量！如想获得更多有关作者的时间、费用及其他详细资料，均可电邮至：robertwbook@qq.com

或添加微信号：Robert White / 13045842963

或关注公众号：乐活卓越的一生

及时知悉，从此开启不同的崭新篇章！

我们在这里，静候佳音，并愿此书，与你共成长！